下饭菜

儿童喜爱的

七七 编

U0386127

黑龙江科学技术出版社
HEILONGJIANG SCIENCE AND TECHNOLOGY PRESS

图书在版编目（ＣＩＰ）数据

儿童喜爱的下饭菜 / 七七编. -- 哈尔滨：黑龙江
科学技术出版社, 2019.1
ISBN 978-7-5388-9862-0

Ⅰ. ①儿… Ⅱ. ①七… Ⅲ. ①儿童 - 保健 - 菜谱
Ⅳ. ①TS972.162

中国版本图书馆 CIP 数据核字(2018)第 211661 号

儿童喜爱的下饭菜
ERTONG XI'AI DE XIAFANCAI

作　　者	七　七
项目总监	薛方闻
策划编辑	马远洋
责任编辑	梁祥崇　马远洋
封面设计	翟　晓
出　　版	黑龙江科学技术出版社
	地址：哈尔滨市南岗区公安街 70-2 号　邮编：150007
	电话：（0451）53642106　传真：（0451）53642143
	网址：www.lkcbs.cn
发　　行	全国新华书店
印　　刷	天津盛辉印刷有限公司
开　　本	787 mm×1092 mm　　1/16
印　　张	12
字　　数	200 千字
版　　次	2019 年 1 月第 1 版
印　　次	2019 年 1 月第 1 次印刷
书　　号	ISBN 978-7-5388-9862-0
定　　价	39.80 元

序 言

孩子挑食、偏食,蔬菜、水果不爱吃,怎么办?孩子体质较弱、免疫力低下、经常生病,有避免的方法吗?孩子看见饭就发愁,不肯好好吃饭,营养摄取不足,如何是好?……

不用慌,爸爸妈妈们关心的问题、难解的迷惑,本书都会给出满意的解决方法。

孩子吃饭总挑食、容易生病、不长个,是很多爸爸妈妈心里的痛。针对挑食的孩子,做出色香味俱全的菜肴,自然会引起孩子的食欲,让他们爱上吃饭。爸爸妈妈最担心的就是孩子生病,可是如何避免孩子生病呢?做出孩子爱吃的菜肴,让孩子多吃饭,摄取充足的营养,自然身体健康,远离疾病。

本书精选了一百多道孩子爱吃的营养美食,特别注重色、香、味、形的丰富多样,避免孩子因饮食单调而产生偏食,让孩子营养均衡。

书中的每一道餐点都配有精美的图片及详细的烹饪步骤,让爸爸妈妈一看就懂、一学就会,避免了为宝贝下厨却无从入手的尴尬局面。书中的原材料都是生活中的常见食材,易辨认、易购买,让爸爸妈妈不再为选择食材为难。本书既是孩子营养小餐桌的美味指南,又是爸爸妈妈提高烹饪水平的得力助手。

制作营养美食,既能让孩子多吃饭,又能表达爱心,作为父母,何乐而不为?爸爸妈妈可根据书中介绍的每种食材的营养成分,为孩子设计营养餐,制作美味食谱;还可以按照孩子的年龄,从其营养需求和生长发育特点出发,配制更多营养美食。

与此同时,考虑到孩子在不同季节身高增长的特点,本书特别精选常见的时令食材,让孩子胃口大开的同时,也让所有的美食制作更具操作性、更简单,轻松让孩子远离不爱吃饭、长不高、注意力不集中、记忆力差、免疫力低、经常生病等问题,开启孩子茁壮成长之路,让孩子爱上吃饭、健康成长不再是梦想!

目录 Contents

Chapter 1
儿童营养全知道

Chapter 2
健康的时令蔬菜

Chapter 3
给力美味的肉类

Chapter 4
鲜香味美的水产类

Chapter 5
花样百出的主食

Chapter 1

儿童营养全知道

了解营养,了解食物;

学会烹饪,掌握搭配——

给孩子做出最好的下饭菜。

让孩子从食物中摄取足够的营养,

长高变壮,少生病。

让将来的自己,对今天认真给宝贝做饭的自己,

充满感激!

儿童营养需求

爸爸妈妈们从孩子一出生就会十分关注孩子的健康问题。摄取充足的营养，孩子免疫力自然会高，身体健康。

那么，孩子在成长的过程中，都需要什么营养素呢？

如果想要孩子长高，就要补充丰富的蛋白质、脂肪、糖类、维生素，以及钙、磷、钾等营养物质。因此，要想自己的孩子长得高，饮食应注意提供含营养丰富的食物，为孩子的骨骼发育创造良好的物质条件。

如果想让孩子少生病，身体健康，就要补充充足的营养素，人体所需的六大类营养素：蛋白质、脂肪、糖类、无机盐、维生素和水。

蛋白质

蛋白质是生命的基础，在食物中占有极为重要的位置。在饮食中摄入丰富的蛋白质可以促进生长发育，可促进理解力和记忆力的增强。蛋白质的来源包括动物性和植物性食物两部分。一般动物蛋白所含的氨基酸丰富，构成比例与人体组织蛋白接近，吸收利用率高，是优质蛋白质。

植物蛋白以大豆的含量最多，每100克大豆含蛋白质35克。选择蛋白质以动物蛋白为主，其次为豆类、乳制品和蛋类、粮谷类。7~11岁儿童蛋白质的摄入量以每日60~70克为宜，占一日总热能的12%~14%。在每日膳食摄入的蛋白质总量中，动物性和豆类优质蛋白质至少占1/3。

糖类和脂肪

糖类所提供的热能以占食物总热能的60%~70%为宜。摄入过多可加快肠蠕动而导致腹泻或腹部疼痛；若摄入过少，则体内能量来源不足，可致血糖过低，出现头晕、乏力、出冷汗等症状。

脂肪是热能的第二个重要来源，以占饮食中热能的20%~25%为宜。在脂肪总摄入量中，植物性脂肪宜占60%，动物性脂肪宜占40%。如果脂肪供应不足，可产生某些脂溶性维生素的缺乏症，出现皮肤干燥、角化变厚及多汗。

无机盐和维生素

学龄期儿童对无机盐和维生素的需要与幼儿期相同，不但要注意补充钙、铁、锌，同时碘的需要量也随生长发育而增加，所以应注意饮食多样化，选择含维生素和微量元素多的食物，如紫菜、海带、绿叶菜及动物内脏(心、肝、肾)等。

对于正处在生长发育期的儿童来说，最重要的无机盐是钙和磷。7~11岁儿童每日供给钙的标准为1.0~1.2克。此期儿童处于乳牙脱落、恒牙萌出时期，因此要多吃一些含钙食物，如蔬菜、水果、蛋黄、虾皮、豆类等食物。乳类、鱼、肝、蛋黄、豆类、马铃薯中都含有大量的磷，蛋白质中含磷也很丰富，所以只要蛋白质能满足身体需要，磷就不会缺少。

在7~11岁儿童每日需要的热能中，粮谷类食物提供的热能应占50%~60%，薯类食物提供的热能应占5%，豆类食物提供的热能应占5%，动物性食物提供的热能应占20%~30%。在每日的热能来源中，首先应保证充分的糖类来源，即每日应摄入足够的粮谷类，其他应选择含脂肪类丰富的高热能动物油、乳制品、坚果类食物，如牛

奶、黄油、肉类及核桃、芝麻、花生等。

营养是保证儿童健康成长的关键,在营养的摄取上既要保证充足,也要注意均衡,以避免养成"小胖墩"和"豆芽菜"体形。

儿童饮食原则

在保证孩子的营养的同时,爸爸妈妈还应注意培养孩子的正确饮食习惯,如在进餐时要坐姿端正、细嚼慢咽、饮食有度。一日三餐要做到早饭要吃得丰盛些,午饭要吃得饱些,晚饭则吃得清淡些,等等。只有让孩子拥有了良好的饮食习惯,再爱上爸爸妈妈烹调出的美食,孩子才会真正爱上吃饭,获得健康的体魄。

◇营养均衡

儿童处于生长发育的关键时期,很多家长总是担心孩子营养摄入不足,而让孩子多吃对身体有益的食物。但是吃得多并不意味着吃得健康,只有将多种食物进行合理搭配,将不同营养均衡分配到孩子的每日饮食中,才是对孩子有益的。

任何一种食物,无论是植物性食物还是动物性食物,都不可能包含所有的营养素,而任何一种营养素也不可能具备全部的营养功能。因此,爸爸妈妈在为孩子准备每天的膳食时,要注意合理搭配各种食物,保证孩子每天都能摄取足够的谷薯类的主食,鱼蛋肉奶豆类及蔬菜、水果等副食。

◇正确选择零食,少喝加工饮料

儿童正处于体格和智力发育的关键时期,适当、适时地吃些零食能够为他们提供生长发育所需要的部分营养,补充正餐的营养不足。因此,爸爸妈妈不能简单地把吃零食看作是一种不健康的行为,要积极引导孩子,让孩子学会选择营养相对均衡、全面的零食,如低糖麦片、煮玉米、全麦面包、豆浆、水

果、纯牛奶、酸奶等。此外，爸爸妈妈还应该鼓励孩子多喝白开水，不喝或少喝碳酸饮料和含糖饮料，以免引起孩子厌食、消瘦、龋齿及肠胃炎等。

◇进食量与活动量要平衡

进食量与活动量是控制体重的两个关键因素。如果进食量大而活动量不足，多余的热量就会在体内以脂肪的形式囤积起来而使体重过度增长，造成儿童肥胖；相反，如果进食量长期无法满足活动量所需，则可能导致儿童生长发育缓慢、消瘦和抵抗力下降。因此，消瘦的儿童应适当增加正餐进食量，同时选择一些有营养的食品进行合理加餐；而肥胖的儿童则应适当控制食量，并增加活动量。

◇培养良好的饮食习惯

当孩子具有一定的独立活动能力后，其模仿能力逐渐增强，兴趣随之增加，很容易受天气变化、疾病、情绪等各种因素影响而出现饮食无规律、吃过多零食、进食过量等状况，甚至可能养成挑食、偏食等不良饮食习惯。因此，爸爸妈妈要培养孩子对各类食物的兴趣，并特别注意培养孩子良好的饮食习惯，如三餐定时、定量，吃饭细嚼慢咽，不挑食、不偏食，这些好习惯的养成，将让孩子受益终生。

Chapter 2

健康的时令蔬菜

新鲜的蔬菜,富含维生素与无机盐,

既营养又有滋味,

有益身体,口感清爽。

五颜六色的蔬菜不仅易于烹调,

而且能烹调出最能引起孩子食欲的菜肴。

学会做孩子的下饭菜,从蔬菜开始,

让宝贝爱上吃饭,从蔬菜开始!

松仁玉米

原料

新鲜玉米1根,松仁50克,青豆、葡萄干、枸杞各适量

调料

盐3克,糖3克,牛奶15毫升,食用油适量

做法

1. 将玉米煮熟后剥粒,青豆、葡萄干、枸杞过水洗净后,放置晾干。
2. 不要倒油,将松仁放入锅中,用小火慢慢将松仁焙香;待松仁变微黄色,表面泛油光时,盛出自然冷却。
3. 锅中倒入油,大火加热至七成热时,倒入玉米粒。
4. 倒入青豆、葡萄干、枸杞,翻炒1分钟。
5. 加入盐、糖。
6. 倒入牛奶,搅匀;待牛奶快收干汤汁时,放入松仁,搅匀即可。

营养功效 松仁玉米是非常有代表性的东北菜,因为松仁和玉米都是东北的特产。玉米中含有大量的钙质,还有丰富的卵磷脂和维生素E等营养素,这些物质都有降低胆固醇、防止细胞衰老以及减缓脑功能退化等功效。松仁中的脂肪成分是油酸、亚油酸等不饱和脂肪酸,有很好的软化血管的作用,是理想的保健食物。

多彩笋丝

原料

莴笋1条,青彩椒、红彩椒、绿豆芽各适量

调料

盐、糖、白醋、香油各适量

做法

1. 莴笋去老皮,切丝;青彩椒、红彩椒切丝备用。

2. 锅中水加热,水滚后依次过水焯莴笋、青彩椒、红彩椒、绿豆芽,捞出后过凉水或冰水,过凉后沥干水。

3. 将笋丝、青彩椒、红彩椒、绿豆芽放入干净的盆中,加入盐、糖、白醋、香油调味,拌匀装盘即可。

营养功效　莴笋富含多种维生素,还含丰富的磷与钙。儿童多吃莴笋对生长发育很有益处,钙对促进骨骼的正常发育、预防佝偻病,都是很有好处的。

蓝莓山药

原料

I根山药,I00克蓝莓果酱

调料

50克冰糖,I00毫升淡奶油,盐I克

做法

I. 将山药去皮,切成大约5厘米长,I厘米宽的长条状。将冰糖溶入水中,制成冰糖水。

2. 将去皮后的山药条放入沸水中煮熟。

3. 将山药捞出后凉凉,在冰糖水中浸泡I小时左右。

4. 将经浸泡的山药条按照自己喜欢的方式摆在盘中,将蓝莓酱淋在山药条上即可。

营养功效　蓝莓的果胶、花青素含量很高,富含维生素C,对一般的伤风感冒、咽喉疼痛以及腹泻也有一定治疗作用。维生素C和花青素共同作用可防治坏血病。山药含有淀粉酶、多酚氧化酶等物质,有利于脾胃消化吸收功能,是平补脾胃的药食两用之品。不论脾阳亏或胃阴虚,皆可食用。临床上常用治脾胃虚弱、食少体倦、泄泻等病症。

蒜 香 四 季 豆

原料

四季豆400克,大蒜10克

调料

盐2克,食用油1000毫升

做法

1. 四季豆洗净去两头,撕去老筋,切成段。
2. 大蒜剥皮洗净,切成末。
3. 取炒锅,将炒锅擦干,锅内倒入食用油,将油加热至120℃。
4. 倒入四季豆过油1分30秒(过油期间用网勺不断搅拌,防止粘锅),取出。锅内留少许底油。
5. 倒入四季豆翻炒片刻,加入准备好的盐调味,然后关火装盘。

营养功效

四季豆性微温,味甘、淡,归脾、胃经,有调和脏腑、安养精神、益气健脾、消暑化湿的功效。四季豆中的钙和维生素K有强壮骨骼的作用,适宜小朋友食用。

咖喱鹰嘴豆菜花

原料

菜花1个,大蒜数瓣,鹰嘴豆适量,西红柿半个

调料

盐、生抽、咖喱块各少许,食用油适量

做法

1. 菜花掰成小朵,洗净控干备用。

2. 鹰嘴豆洗净控干备用;西红柿用开水烫一下,去皮备用。

3. 大蒜切碎炸油,有香味时倒入菜花、鹰嘴豆反复煸炒。

4. 断生后倒入生抽,翻炒下,加适量水,放入咖喱块、西红柿,小火炖至入味软烂,大火收汁,待要出锅时调入盐。

营养功效 菜花的营养比一般蔬菜丰富,它含有蛋白质、脂肪、糖类、维生素和无机盐。菜花质地细嫩,味甘鲜美,食后极易消化吸收,适宜食用。

蒜蓉菠菜

🍲 原料

菠菜1把 大蒜1头

🍲 调料

盐3克,姜片5克,白糖3克,鸡精2克,玉米油适量

🍲 做法

1. 菠菜洗干净,切段。大蒜切成蓉。
2. 锅里放水烧开,放入姜片、少许盐、白糖和少许油(放白糖和油可以保持菜的青绿;放姜煮,吃菠菜的时候,舌头才不会涩涩的)。
3. 放菠菜焯烫一下,捞起沥干水分。
4. 热油锅,把蒜蓉爆香。
5. 倒入菠菜快速翻炒一下,放盐和鸡精调味即可。

营养功效

菠菜含有大量的植物粗纤维,可以促进肠蠕动,利于排便。

蜜渍冬瓜

原料

冬瓜500克

调料

蜂蜜适量

做法

1. 冬瓜去皮去瓤,用清水洗净,拭干,切成条,用水焯过后取出待用。
2. 将冬瓜条在盘中铺一层,倒入两勺蜂蜜,再铺一层冬瓜条,再倒蜂蜜。
3. 如此反复,直到放入全部冬瓜条。

营养功效　冬瓜有利尿、清热、化痰、解渴等功效,亦可治疗水肿、痰喘、暑热等症。蜂蜜是一种营养丰富的食品,蜂蜜中的果糖和葡萄糖易被人体吸收。

蜜蒸红枣

原料

红枣100克

调料

蜂蜜10克

做法

1. 选择柔软的红枣,洗净,放入盘中。
2. 在红枣上淋蜂蜜至均匀。
3. 放入蒸锅,大火烧上汽,转小火,再蒸20-25分钟即可出锅食用。

营养功效　　红枣中含大量蛋白质、糖类、胡萝卜素和维生素C,有补血、健胃、益肺之功能,对儿童有益,是老少皆宜的理想传统保健食品。

拔丝地瓜

原料
地瓜600克,玉米粉60克,面粉12克,鸡蛋清60克,芝麻少许

调料
白糖50克,植物油适量

做法
1. 将地瓜去皮,洗净,切成滚刀块,放在面粉里滚一下,裹上一层面粉。
2. 把鸡蛋清倒入玉米粉中,搅和成糊。
3. 把植物油倒入炒锅内,在旺火上烧到八成热,把裹好面粉的地瓜再裹上一层蛋清糊,一个一个地放入油中浸炸。地瓜炸成浅黄色后,捞出控净油。
4. 炒锅留点底油,放入白糖炒到金黄色,大泡变小泡,最后颜色加深,可以拔丝时,倒入地瓜块,快速颠翻均匀,盛入预先擦好一层油的盘中,码整齐,撒上芝麻即成。

营养功效　　地瓜,味甘,性温,含有较多的纤维素,能在肠中吸收水分增加粪便的体积,起到通便的作用。

老醋花生

⬚原料
花生、洋葱各适量,尖椒、黄瓜各半个

⬚调料
陈醋、蚝油各适量

⬚做法
1. 锅里放好油后,用小火加热,放入花生炸熟。
2. 洋葱切丁,尖椒切丁,黄瓜切丁。
3. 把花生、洋葱、尖椒、黄瓜放在盘子里,加入蚝油、陈醋搅拌均匀即成。

营养功效 花生含有蛋白质、脂肪、糖类、维生素,有促进人的脑细胞发育,增强记忆的作用。洋葱可提神醒脑,缓解压力,预防感冒;此外,洋葱还能清除体内氧自由基,增强新陈代谢能力。尖椒含有丰富的维生素C、镁及钾等营养成分,还有温中散寒、开胃消食的功效。

干炸茄盒

原料

茄子1根,猪肉馅200克,鸡蛋1个,面粉100克

调料

色拉油250毫升,生抽15毫升,胡椒粉2克,料酒、香油各5毫升,盐、葱末、姜末各少许

做法

1. 猪肉馅用生抽、料酒、胡椒粉、葱末、姜末、盐和香油拌匀后腌制10分钟,备用。

2. 茄子洗净,切成约1厘米厚的斜片,中间切一刀,不能切断。茄片中放入猪肉馅,做成茄盒。

3. 鸡蛋打散后加入面粉和水搅拌成面糊。将茄盒裹上面糊。

4. 锅中倒入油,加热至七成热时,将茄盒逐个放入锅中,炸到茄盒双面呈金黄色后捞出即可。

营养功效　茄子营养丰富,含有蛋白质、脂肪、糖类、维生素以及钙、磷、铁等多种营养成分,对便秘也有一定的缓解作用。

青椒木耳炒山药

原料

山药200克,黑木耳20克,青椒、红椒各1个

调料

食用油、盐、鸡精、蒜片各适量

做法

1. 青椒、红椒洗净,去蒂和子,切块;木耳用温水泡发,洗净,撕成小朵;山药去皮,洗净,切片。
2. 炒锅置火上,放油烧至五成热,放蒜片爆香,放红椒、青椒和木耳,翻炒2分钟。再倒入山药翻炒2分钟。
3. 加入盐和鸡精调味,出锅即可。

营养功效　　　山药所含的淀粉糖化酶是萝卜的3倍,胃胀时食用山药,有促进消化的作用,可以去除不适症状,有利于改善脾胃消化吸收功能,是一味平补脾胃的药食两用之佳品。山药还含有黏蛋白、皂苷、游离氨基酸等物质,且含量较为丰富,具有滋补作用,为病后康复食补之佳品,有强健机体、滋肾益精的作用。

酱香肉末豆腐

原料

豆腐1块,瘦肉50克,葱10克

调料

拌饭酱、酱油、食用油、盐、淀粉各适量

做法

1. 瘦肉切小丁后剁成肉末,放少许油、盐,加入酱油、淀粉拌匀;葱切成葱花,豆腐切成1厘米左右方块。
2. 豆腐放进冷水锅中,加少许盐慢火煮开后捞出(用盐水煮一下豆腐,可以去除豆腥味,同时等会煮的时候没那么容易煮烂)。
3. 烧热油锅,放进肉末大火煸炒。肉末变色后盛出。
4. 锅中加入拌饭酱,煸香;加入豆腐,轻轻翻炒几下。
5. 加入肉末,并进入20毫升的水,煮开。淋入适量酱油,翻拌均匀。撒入葱花,翻拌均匀即可。

营养功效   豆腐营养极高,含铁、镁、钾、铜、钙、锌、磷、叶酸、烟酸、维生素B_1和维生素B_6;其味甘性凉,有益气和中、生津润燥的功效。

干锅土豆片

原料

土豆500克,五花肉80克,洋葱半个,青蒜1棵,香芹1棵,干辣椒4个,大葱一小段,姜10克,大蒜2瓣

调料

郫县豆瓣酱15克,料酒10毫升,生抽10毫升,食用油适量

做法

1. 土豆洗净去皮,切成约4毫米厚的圆形片;五花肉切薄片;洋葱切丝;青蒜和香芹切小段;干辣椒切小段;大葱切小段;姜切片;大蒜切片。

2. 锅内倒入适量油烧热,放入土豆片,用中火炸至两面呈金黄色,捞出沥油。

3. 锅留底油,放入五花肉片煸炒出油,下葱、姜、蒜爆香,放入郫县豆瓣酱,炒出红油。

4. 放入洋葱和香芹翻炒至断生,再放入炸好的土豆片,淋入生抽和料酒翻炒均匀,放入青蒜、干辣椒翻炒几下即可。

爽口泡菜

原料

白萝卜一小段,胡萝卜半个,花椒15粒,姜6片,泡椒适量,红辣椒2个

调料

玫瑰酒露5毫升,白醋10毫升,白糖4克,盐2克

做法

1. 将所有材料洗净。
2. 将白萝卜和胡萝卜切条,放入开水锅内烫2分钟捞出备用。
3. 锅内放开水,将花椒、姜、红辣椒、泡椒、玫瑰酒露、白醋、白糖、盐一起放入,煮开1分钟后关火,盛入合适的容器凉凉。
4. 将材料混合盖好放在阴凉处,24小时后即可食用。

营养功效　　萝卜泡菜中含有丰富的活性乳酸菌,有帮助消化、防止便秘、防止细胞老化、降低胆固醇、抗肿瘤等作用。

干炸蘑菇

🍲 原料

平菇250克,鸡蛋2个,香菜、红椒各适量

🍲 调料

淀粉5毫升,椒盐适量

🍲 做法

1. 鸡蛋打入碗中,搅匀,加入淀粉,再次搅打均匀,制成蛋糊。

2. 平菇去掉根部,清洗之后,入开水中轻微焯一下。

3. 捞出平菇过凉,挤干水分,撕成小块。

4. 平菇入蛋糊中搅拌均匀。锅内放油烧热,油热后,分次下入挂好糊的平菇。平菇迅速浮起后,把粘连在一起的分开。

5. 用中火炸至平菇表皮变硬,捞起控油。

6. 待油温升高,下入平菇复炸一次,变色后马上捞起,控油(或用厨房专用纸吸油)后装盘,撒上椒盐,点缀上香菜及红椒,趁热食用。

营养功效　平菇含丰富的营养物质,每百克干品含蛋白质20～23克,而且氨基酸种类齐全,无机盐含量十分丰富。

西芹核桃

原料

核桃仁100克,西芹2根,胡萝卜少许

调料

盐2克,生姜1块,橄榄油20毫升

做法

1. 胡萝卜刻成枫叶状备用。
2. 西芹斜切成小段,生姜切片。
3. 西芹下开水中焯1分钟左右,捞出备用。
4. 锅中倒入橄榄油,烧至五成热,放入姜片炒香,放入西芹炒30秒左右,放入核桃仁炒1分钟。
5. 加入盐,起锅,装盘后点缀上胡萝卜即可。

营养功效

核桃仁含有丰富的营养素,每百克含蛋白质15~20克、脂肪60克、糖类10克;并含有人体必需的钙、磷、铁等多种微量元素及胡萝卜素、维生素B_2等多种维生素。

皮蛋冻

原料

鸡蛋4个,皮蛋2个

调料

盐2克,食用碱2克,食用油适量

做法

1. 将鸡蛋在碗里打散。加入盐、食用碱,搅拌均匀。
2. 将皮蛋切碎,放入鸡蛋液里。
3. 模具里刷一层食用油,倒入鸡蛋液。
4. 在模具外裹上一层保鲜膜,用牙签扎上几个洞。
5. 将模具放入蒸锅。水开后,蒸6分钟,然后关火闷5分钟。
6. 取出菜肴,凉凉,切成片,摆盘即可。

营养功效 皮蛋含蛋白质、脂肪、无机盐等营养物质,它能增进食欲、促进营养的消化吸收、中和胃酸、清凉、降压,具有润肺、养阴止血、凉肠、止泻、降压之功效。此外,皮蛋还有保护血管的作用。

上海青炒滑子蘑

原料

上海青100克,滑子蘑150克,红辣椒少许

调料

食用油、盐、鸡精、生抽、蒜末各少许

做法

1. 将上海青及红辣椒洗净。锅中加水烧开,放入上海青焯熟,捞出过凉水,控干水分,对半切开备用。红辣椒切段备用。
2. 锅中换水烧开,加滑子蘑煮10分钟,捞出过凉水,控干水分备用。
3. 锅中加油,烧六成热加蒜末爆香,放滑子蘑、红辣椒翻炒,加盐、生抽、鸡精调味。
4. 将上海青摆盘,将滑子蘑盛放在上面即可。

营养功效　　滑子蘑味道鲜美,营养丰富。附着在滑子蘑伞表面的黏性物质是一种核酸,对保持人体的精力和脑力大有益处,建议儿童适当食用。

蒜蓉黄瓜

原料

黄瓜300克,大蒜适量

调料

香油、盐、陈醋、蚝油、白砂糖、葱花各适量

做法

1. 黄瓜洗净去皮,切段。
2. 大蒜切碎装碗,加入盐、白砂糖、蚝油、陈醋、香油,拌匀。
3. 淋在黄瓜条上,撒上葱花即可。

营养功效　　黄瓜富含维生素C。维生素C具有保护牙齿健康、预防动脉硬化、保护肝脏、提高免疫力等作用。

黄花菜拌菠菜

🍲 原料

菠菜500克,黄菜花10克,枸杞2粒

🍲 调料

生抽、香油各适量,姜、白砂糖、盐、鸡粉各少许

营养功效

菠菜有"营养模范生"之称,它富含类胡萝卜素、维生素C、维生素K、无机盐(钙、铁等)、辅酶Q10等多种营养素。

🍲 做法

1. 菠菜去根,洗净,切成6厘米左右的段。
2. 向锅内放入适量的水,煮沸,放入菠菜,焯熟。
3. 将菠菜捞出,过凉水,沥干水分备用。同样将黄花菜焯熟,备用。
4. 将沥干的菠菜紧紧地压入一平底的容器内。
5. 姜切末,将姜末、生抽、香油、盐、鸡粉和白砂糖调成调味汁。
6. 将压紧的菠菜倒扣在盘子里,在上面点缀上黄花菜和枸杞。
7. 将调味汁浇在做好造型的菠菜上即可。

肉末苦瓜

原料

苦瓜1根,肉末250克,鸡蛋1个,西蓝花适量

调料

葱、姜、蒜瓣、八角茴香、花椒、盐、味精、食用油各适量

做法

1. 苦瓜洗净切段,去心;葱切葱段及葱花;姜切末。

2. 肉末加入鸡蛋,葱花,少许盐拌匀备用。

3. 西蓝花洗净掰块,入沸水锅中焯至断生,捞出晾干备用。

4. 将拌好的肉末填入去心的苦瓜段,摆好,放入锅中蒸20分钟至熟,然后与西蓝花一起摆盘。

5. 锅放油烧至七分热,放入八角茴香,花椒(然后捞起),下蒜瓣,葱段,姜末,爆炒至变色。加盐,味精,翻锅将汁浇在摆好的肉末苦瓜上即可。

营养功效　苦瓜营养丰富,特别是维生素C含量居瓜类之冠。苦瓜还含有粗纤维、胡萝卜素、磷、铁和氨基酸等,可促进人体免疫系统抵抗癌细胞,经常食用可以增强人体免疫功能。

竹荪四季豆

原料

竹荪50克,四季豆25克,笋片25克,黑木耳25克

调料

植物油、水淀粉、盐、鸡精各适量

做法

1. 将竹荪用水泡开,洗净切成段,四季豆洗净,备用。
2. 四季豆入油锅过油后与其他材料一起焯水沥干。
3. 另起锅置火上,倒入适量水,将所有材料倒入,煮熟后,用盐、鸡精调味,水用淀粉勾薄芡后略烧即可。

营养功效

　　竹荪营养价值很高。据分析,每100克竹荪干品中含有粗蛋白20.2%(高于鸡蛋)、粗脂肪2.6%、粗纤维8.8%、糖类6.2%、粗灰分8.21%,还有多种维生素和钙、磷、钾、镁、铁等无机盐。

皮蛋豆腐

原料

内酯豆腐1盒,皮蛋2个,大蒜3瓣,小葱1棵,火腿200克,青椒半个

调料

盐、生抽、香油、香醋、花椒粒、白糖、辣椒油各少许,食用油适量

做法

1. 用刀将内酯豆腐横竖各切几刀,扣入盘中备用;青椒切块备用。

2. 皮蛋去壳洗净切成小丁,小葱洗净切末,大蒜拍碎,火腿切小块备用。

3. 取一小碗,调入盐、白糖、生抽、辣椒油、香醋,搅拌均匀。

4. 将葱末、大蒜碎放入调料碗内备用。

5. 将皮蛋丁、火腿块、青椒块平铺在豆腐块上。

6. 起锅烧热加入油,再放入花椒粒,中小火将花椒粒爆香,花椒粒发黑之前将它捞出扔掉。转大火将油烧得滚热,浇在调料小碗中,趁热拌匀。

7. 将混合调味汁均匀地浇在切好的豆腐盘内,再淋入少许香油即可食用。

营养功效

豆腐营养丰富,含有铁、钙、磷、镁等人体必需的多种微量元素,还含有糖类、脂肪和丰富的优质蛋白质,素有"植物肉"之美称。

苦苣虾仁

原料

苦苣200克,虾100克,青椒丝、红椒丝、葱丝各少许,大蒜适量

调料

白糖2克,盐3克,香油、香醋各适量

做法

1. 虾煮熟去壳取虾仁,备用。
2. 将苦苣清洗干净,放进淡盐水中浸泡10分钟。
3. 苦苣泡好后,放进凉开水中冲洗一下,撕成小段放进一个大点的容器里,加入虾仁。
4. 把香醋、白糖和盐调成汁,大蒜切成末。
5. 把蒜末放进苦苣里,倒进调味汁。
6. 加入香油拌匀,然后装盘,点缀上青椒丝、红椒丝及葱丝即可。

营养功效 苦苣性凉,味苦,含有丰富的胡萝卜素、维生素C以及钾、钙等,对预防和治疗贫血,维持人体正常的生理活动,促进生长发育和消暑保健有较好的作用。

烧茄子

原料

茄子1个，西红柿1个，葱1根，蒜2瓣，姜1块，鸡蛋1个

调料

盐、味精、料酒、酱油、胡椒粉、淀粉、白糖、食用油各适量

做法

1. 将茄子切成滚刀块，西红柿切块，葱切成丝，姜切成丝，蒜切末。鸡蛋打散，加入淀粉，调成糊。
2. 锅放火上加入油烧热。茄子挂糊，放入油锅中炸成金黄色，捞出。
3. 锅内留少许油，下入葱丝、姜丝、蒜末炒出香味，下入茄子，依次下入盐、味精、料酒、酱油、胡椒粉和白糖，下入适量水和西红柿块，烧透就成了香喷喷的烧茄子。

营养功效　　茄子的营养丰富，含有蛋白质、脂肪、糖类、维生素以及钙、磷、铁等多种营养成分。

浇汁土豆泥

原料

土豆、泡发木耳、竹笋、熟鹌鹑蛋、上海青各适量，葱花少许

调料

盐、酱油、花椒粉、淀粉、食用油各适量

营养功效

　　鹌鹑蛋含蛋白质、脂肪、糖类、多种维生素和钙、磷、铁等营养物质，其卵磷脂含量比鸡蛋高3~4倍。卵磷脂是高级神经活动不可缺少的营养物质，具有健脑的作用。

做法

1. 先将土豆洗净，连皮一起煮熟（能用筷子扎透就是熟了），取出。
2. 把土豆放在冷水里浸一下，待土豆凉后把皮剥掉。
3. 把土豆捣散，加少许盐拌匀。
4. 上海青洗净，焯熟装盘，放入土豆泥。
5. 将锅烧热放油，放入木耳、竹笋翻炒片刻。
6. 放入葱花、酱油和花椒粉炒香。
7. 放小半碗水和熟鹌鹑蛋，煮开锅，放盐调味。
8. 将淀粉用水稀释成水淀粉倒入锅中勾薄芡，待汤汁稍微浓稠关火。
9. 将煮好的汤汁浇到摆好盘的土豆泥上即可。

凉拌海带丝

原料

干海带、蒜泥、葱末、芝麻各适量

调料

盐、白糖、酱油、陈醋、香油、味精各适量

做法

1. 干海带洗干净后水发,勤换水。
2. 取泡发好的海带切丝,在开水中焯一下,沥干水分,装盘。
3. 加蒜泥、葱末、盐、白糖、酱油、陈醋、香油、味精、芝麻,拌匀即可。

营养功效

海带与绿叶蔬菜相比,其钙、铁的含量均高出几倍甚至十几倍。

胡萝卜炒粉丝

原料

粉条200克,胡萝卜200克

调料

盐、白糖、鸡精、食用油、香油各少许,豆瓣酱适量,蒜2瓣

做法

1. 胡萝卜去皮切丝。蒜切成末。
2. 粉条用水煮透捞出沥净水,用剪刀剪几下。
3. 锅放火上,添入少许底油,五成油温时下入豆瓣酱炒出香味,盛出待用。
4. 另起锅,加入油,下入蒜末,炒出香味后加入胡萝卜,炒至断生。
5. 放入粉条,倒入炒香的豆瓣酱,翻炒均匀。
6. 加入少许水和盐、鸡精、白糖调味,翻炒均匀。
7. 淋入少许香油,翻炒均匀,出锅装盘即可。

营养功效 粉条中富含淀粉、膳食纤维、蛋白质、烟酸和钙、镁、铁、钾、磷、钠等营养物质。粉条有良好的附味性,它能吸收各种鲜美汤料的味道,再加上粉条本身的柔润嫩滑,做出的菜肴爽口宜人。

白灼芥蓝

原料

芥蓝250克，葱白、红椒各适量，姜丝少许

调料

蒸鱼豉油30毫升，蚝油20毫升，橄榄油、盐各适量，白糖少许

做法

1. 将芥蓝择掉黄叶，根茎上的外皮削掉，洗净待用。
2. 红椒切丝，葱白切丝泡在清水里。
3. 将蚝油、蒸鱼豉油调入小碗里，放入白糖拌匀。
4. 锅中烧水，放入少许油、盐，水开后放入芥蓝焯水。
5. 将焯好后的芥蓝装入盘里。
6. 摆上一半葱丝，放上红椒丝，将调好的料汁浇在芥蓝上。
7. 炒锅放入油，放入葱丝、姜丝爆香。
8. 去掉葱丝，姜丝，将热油浇在芥蓝上即可。

营养功效：芥蓝中含有机碱，这使它带有一定的苦味，能刺激人的味觉神经，增进食欲，还可加快胃肠蠕动，有助于消化。

菠菜芝麻豆腐

原料

豆腐200克,熟芝麻15克,菠菜100克

调料

芝麻酱25克,酱油10毫升,白糖2克,盐3克,味精2克,香油5毫升,食用油适量

做法

1. 将豆腐切成小丁,用热油炸至表面金黄且浮在油面上时,捞出控油备用。
2. 菠菜切成段,用开水烫一下,捞出沥干。
3. 碗中放入芝麻酱、酱油、白糖、盐、味精、香油,调成汁。
4. 盘中放入炸过的豆腐,上面放菠菜。
5. 把调好的汁浇上,撒上熟芝麻即可。

营养功效　　芝麻含有多种人体必需氨基酸;芝麻含有的铁和维生素E是预防贫血、活化脑细胞、消除血管胆固醇的重要成分;芝麻含有的脂肪大多为不饱和脂肪酸,有延年益寿的作用。

水晶蔬菜卷

原料

肠粉100克,胡萝卜半根,苦苣50克,黄瓜1根,鸡蛋2个,香菇50克,香菜5克

调料

盐,食用油各适量

做法

1. 将肠粉倒入一大碗中,加入100毫升清水,用小勺搅拌均匀。

2. 在方形底烤盘刷薄油,盛入适量肠粉浆(薄薄铺满盘底即可)。

3. 炒锅放大半锅水,烧开,将烤盘放入锅内。

4. 盖上锅盖,大火煮3分钟左右,至粉皮鼓起关火,取出将粉皮揭下。

5. 将粉皮从中对剖成长方形备用。

6. 香菜、苦苣切段备用,胡萝卜、黄瓜切丝,香菇切条后过水焯一下。

7. 锅中放少量食用油加热,然后倒入胡萝卜丝、香菇条,加适量盐翻炒片刻,装盘备用。

8. 鸡蛋打入碗中,搅匀;放入油锅煎制成鸡蛋饼,取出切丝备用。

9. 取粉皮,放入炒好的香菇条、胡萝卜丝、苦苣、黄瓜丝、鸡蛋丝、香菜段,卷起包好,装盘即可。

营养功效 香菇是含有蛋白质、脂肪、多糖和多种维生素的菌类食物,可增强机体免疫功能。

Chapter 3

给力美味的肉类

肉类菜,不仅会让孩子垂涎欲滴,

更会带给他们健康的体魄。

各种各样的肉,变化多样的烹调方式,

虽然对爸爸妈妈的烹饪技能提出了更高的要求,

但是看着宝贝大口吃饭,享受美味的表情,

爸爸妈妈将获得最大的心理满足!

椒香排骨

☕原料

肋排500克，葱花适量

☕调料

香醋15毫升，盐3克，白糖15克，味精3克，料酒、生抽、老抽各适量，食用油500毫升

☕做法

1. 肋排切段，放入锅中煮30分钟，取出。
2. 将肋排用料酒、生抽、老抽，香醋腌渍20分钟。
3. 捞出排骨控干，放入油锅中，炸成金黄色。
4. 锅内留底油，放排骨、腌排骨的水、白糖、半碗肉汤，大火烧开，调入盐提味。
5. 小火焖10分钟，大火收汁。
6. 撒入葱花、味精，拌匀即可。

营养功效　　排骨具有滋阴润燥、益精补血的功效，适于气血不足、阴虚纳差者食用。

梅菜蒸肉

原料

五花肉500克,梅菜200克

调料

生抽50毫升

做法

1. 梅菜充分浸泡,洗净,去掉腌渍的咸味。
2. 将梅菜切碎,将五花肉切成肉块。
3. 将五花肉放入生抽中腌渍一会儿。将五花肉与梅菜混合,拌匀,放入锅中蒸,大火烧开后改小火慢蒸出汁。
4. 15分钟左右熄火。一盘美味的梅菜蒸肉就出锅了。

营养功效　　梅菜含有十多种对人体有益的氨基酸、多种维生素,有良好的消滞祛湿、促进消化等治疗保健功效。

照烧排骨

原料

照烧酱150克,猪小排1000克

调料

料酒20毫升,食用油适量

做法

1.把排骨沿骨缝将肉划开,用叉子在肉厚的地方扎几下,煎锅烧热,加食用油。
2.放入排骨小火慢煎,一面煎至金黄,再煎另一面,烹入料酒。
3.煎熟后,把照烧酱倒在排骨上,小火煨至汤汁收浓,取出凉凉,切大块即可。

营养功效   排骨除含蛋白质、脂肪、维生素外,还含有大量磷酸钙、骨胶原、骨黏蛋白等,可为幼儿和老人提供钙质。

烤脆皮猪肘

原料

猪肘1个,洋葱1个,啤酒适量

调料

黑胡椒、盐、迷迭香各适量

做法

1. 锅内放入猪肘,1个洋葱(可以对半切),倒入啤酒没过肘子,大火烧开后转小火,炖2小时。
2. 炖好的猪肘放凉,肘皮用叉子扎洞(方便后面起泡)。
3. 表面抹上适量盐、黑胡椒、迷迭香,放在铺有锡纸的烤盘上。
4. 烤箱预热至220℃,放入猪肘烤30~40分钟,取出装盘即可(想要表面油亮,可以在猪肘表面刷上蜂蜜后再烤5分钟)。

营养功效

猪肘营养丰富,含较多的蛋白质,特别是含有大量的胶原蛋白,可提供血红素和促进铁吸收的半胱氨酸,能改善缺铁性贫血。

鸡肉丸子

🍲 原料

胡萝卜1根,鸡胸肉1块,鸡蛋1个

🍲 调料

盐、黑胡椒碎、姜蒜粉各少许,橄榄油60毫升

🍲 做法

1. 将烤箱预热到200℃,胡萝卜去皮切片,鸡胸肉切成小块。
2. 胡萝卜片、鸡胸肉小块放入破壁机,把鸡蛋打入,倒入橄榄油,把盐、黑胡椒碎、姜蒜粉放入。
3. 开启破壁机的蔬果功能,搅打1分钟
4. 再开启破壁机的酱汁功能,搅打1分钟(此过程中如果听到机器在空转,需要停下机器用长筷子把食材往下压一压再搅打)。
5. 把肉泥用勺子挖出,做成一个个小丸子(右手持小勺子,把肉泥往左手上轻轻摔,再兜起来摔到左手,几次后就成型了)。烤盘刷油,把小丸子排在烤盘上,放入预热好的烤箱,烤15分钟左右,看到丸子表面上色即可出炉。

> **营养功效**
>
> 鸡肉富含优质蛋白质,也是磷、铁、铜和锌的良好来源,并且富含维生素 B_{12}、维生素 B_6、维生素 A、维生素 D 和维生素 K 等。

美味烤羊排

原料

羊排1000克,洋葱1个,煮熟的甜玉米料、生菜各适量

调料

盐、食用油、花椒各适量,孜然粉50克,黑胡椒10克

做法

1. 花椒泡水。

2. 洋葱切丝,将花椒和水全部倒入盛洋葱的容器中,加适量盐抓匀。

3. 羊排洗净,沿骨缝切开,放进洋葱花椒水中两面搓匀,多搓一会儿,然后腌3小时。

4. 烤箱上下火200℃预热10分钟,烤盘刷油或铺锡纸,将羊排上的花椒和洋葱用刷子刷掉,放烤盘上放进烤箱,烤约35分钟。

5. 取出羊排来刷遍油,撒孜然粉和少许盐再烤10分钟,最后放黑胡椒再烤2分钟。

6. 取出羊排放入铺有生菜的盘中,再撒上甜玉米粒即可。

营养功效 　羊排有补肝、明目的功效,对儿童生长发育有益。

农家扣肉

原料

猪五花肉200克,葱段、姜片、香菜段各适量

调料

盐5克,味精3克,酱油10毫升,八角茴香、花椒、水淀粉、食用油各适量

营养功效

猪肉是日常生活的主要副食品,具有补虚强身、滋阴润燥、丰肌泽肤的作用,适合儿童使用。

做法

1. 将五花肉煮至八成熟捞出,切成手指宽的大片。

2. 按肉皮在下的摆放方式,将切好的肉一片挨着一片码在碗里。

3. 八角茴香、花椒、葱段、姜片摆放在肉上面。

4. 将3克盐、味精、酱油用热水调和,倒入碗中,以没过肉面为准。

5. 起锅烧水,把肉碗放入屉中,盖上一支盘子,封住碗口,以使蒸汽水不会滴入碗内。

6. 蒸锅水开后,改小火,蒸45分钟。

7. 取出肉碗,控出汁水,汁水留用。

8. 取一盘子扣在肉碗之上,然后双手抓住盘子与肉碗,然后翻过来,把碗取下。

9. 另起锅,将汁水倒进锅内,加入盐,用水淀粉勾成薄芡,淋在扣肉上。

10. 撒上香菜即可。

三黄鸡

原料

三黄鸡500克,生姜、大蒜各适量

调料

黄酒、酱油各15毫升,胡椒粉、水淀粉、蚝油、白糖、食用油各适量

做法

1. 三黄鸡洗净斩成小块,加入10毫升黄酒、酱油、胡椒粉拌匀,腌渍20分钟入味。

2. 将腌渍好的鸡肉加入水淀粉抓匀备用。生姜切片,大蒜剥整粒备用。

3. 炒锅中加入食用油烧至五成热,先后放进姜片、大蒜粒小火炒出香味。

4. 放入腌渍好的鸡肉,翻炒一会儿至鸡肉变色,加入蚝油和白糖,炒匀。

5. 烹入黄酒去腥。

6. 鸡肉充分上色后加入一小碗热水,没过鸡肉1/2处即可,煮开后转小火收浓汤汁即可。

营养功效 　鸡肉的脂肪和牛肉、猪肉比较,含有较多的不饱和脂肪酸——亚油酸和亚麻酸,对人体有益。

蒜香鸡翅

原料

鸡翅400克,大蒜25克,青椒、红椒各25克,洋葱30克,芝麻15克

调料

白糖5克,料酒15毫升,盐8克,味精2克,香油2毫升,色拉油100毫升

营养功效 鸡翅含有大量可强健血管及皮肤的胶原蛋白等;还含有大量维生素A,对生长发育都有益处。

做法

1. 将鸡翅改斜刀。
2. 大蒜打碎制成蒜蓉。
3. 取碗,放入鸡翅,加入20克蒜蓉、10毫升料酒、5克盐、味精腌制3小时。
4. 将青椒、红椒和洋葱切成小粒。
5. 起锅上火,倒入色拉油,油温至六成热时,放入翅中,炸熟捞出(大约8分钟熟)。
6. 起锅留少许油,下入青椒粒、红椒料、洋葱粒和蒜蓉,炒出香味。
7. 放入盐、白糖、料酒、香油、芝麻,放入炸好的翅中,翻炒几下出锅,只挑出鸡翅装盘即成。

培根蔬菜卷

原料

培根500克,金针菇200克,西蓝花1块,洋葱少许

调料

黑胡椒15克,食用油适量

做法

1. 将培根切开,长度大约10厘米。
2. 将金针菇切断,长度比培根的宽度略大。
3. 将金针菇和洋葱放在培根上,卷紧。
4. 将培根上刷少许食用油放在烤架上,用200℃烤10-15分钟,至培根呈金黄色,撒上黑胡椒,摆上西蓝花装饰即可。

营养功效

培根中磷、钾、钠的含量丰富,还含有蛋白质、脂肪、糖类等。

肉酱芥蓝

原料

芥蓝200克,瘦肉200克,蒜末50克,葱花、姜片各少许

调料

食用油20毫升,盐5克,淀粉、酱油、蚝油、鸡精、小苏打各适量

做法

1. 芥蓝用淘米水加小苏打浸泡20分钟,再洗干净备用,瘦肉切碎。
2. 锅中烧水,水开后,加入少许油、盐,再放入芥蓝煮2分钟,变翠绿后,捞出摆盘。
3. 取碗放少许水,加入适量淀粉、酱油、蚝油、鸡精,调开备用。
4. 锅中放油加热,放入蒜末爆香,再放肉末翻炒至熟,再加入之前调开的酱汁,收汁堆到芥蓝上即可。

营养功效　　芥蓝的花苔和嫩叶品质脆嫩,清淡爽脆,爽而不硬,脆而不韧,以炒食最佳。

腊肉炒蒜薹

原料

蒜薹300克,腊肉500克,彩椒150克

调料

料酒、胡椒粉、盐、白糖、食用油各适量

做法

1. 将腊肉切片,蒜薹摘去老梗后切成小段,彩椒切斜片。
2. 锅中烧热食用油,放入腊肉爆炒至其呈现透明后,放入蒜薹和彩椒,加入少许水、料酒、胡椒粉、盐和白糖调味,翻炒均匀即可。

营养功效 蒜薹外皮含有丰富的纤维素,可刺激大肠排便,调治便秘。多食用蒜薹,能预防痔疮的发生,降低痔疮的复发次数。

土鸡钵

原料

土鸡块500克,香菜、姜片、清汤各适量

调料

食用油、盐、料酒、酱油、味精、花椒、桂皮、辣椒各适量。

做法

1. 锅烧热后,放油,把花椒,姜片,桂皮放在油里炸一下,放土鸡块,炒。
2. 把鸡肉炒成金黄色,放盐、辣椒、味精、酱油,再炒2分钟左右。
3. 放清汤,盖上盖子,汤烧开以后,将菜肴盛在钵中,放入香菜。
4. 将钵放在炉子上炖。
5. 大火炖5分钟后,放入料酒。
6. 改小火炖熟,即可食用。

营养功效　　　　土鸡肉含有丰富的氨基酸。氨基酸是生命的基本物质,土鸡肉丰富的氨基酸对人体的生长发育有良好的促进作用。

烤 乳 鸽

原料

鸽子500克,姜片、蒜苗各适量

调料

生抽、淀粉、米酒、食用油各适量

做法

1. 将鸽子处理干净,备用。
2. 将鸽子剁成块,加入生抽、淀粉拌匀,腌渍10分钟。
3. 炒锅注油烧热,下入鸽肉块炸。
4. 炸至鸽肉收缩,呈金黄色。
5. 另起锅,加少许油,将姜片、蒜苗煸出香味。
6. 放入炸香的鸽肉,淋入米酒,翻炒至鸽肉熟透即可。

营养功效　　鸽肉易于消化,具有滋补益气、祛风解毒的功效,对病后体弱、血虚闭经、头晕神疲、记忆衰退有很好的补益治疗作用。

酸汤肥牛

原料

肥牛片200克,金针菇1把,绿豆粉丝50克,姜蓉10克,蒜蓉10克,香葱碎10克,高汤50毫升

调料

生抽10毫升,花椒10粒,鸡精10克,陈醋15毫升,蒜蓉辣酱15克,白胡椒粉25克,香油15毫升,食用油适量

营养功效

肥牛是一种美味而且营养丰富的食品,能提供丰富的蛋白质、铁、锌、钙,还有每天需要的B族维生素。

做法

1. 肥牛片提前从冰箱取出解冻;金针菇切去根部,洗净备用;绿豆粉丝提前用温水浸泡30分钟至软。

2. 锅内烧开一锅水,放入金针菇焯1分钟捞出,放入绿豆粉丝焯1分钟捞出。

3. 炒锅内放入油,放入花椒,用小火炸至出香味,花椒转为焦色时捞出花椒,放入姜、蒜炒出香味。

4. 加入高汤、蒜蓉辣酱、陈醋、生抽、白胡椒粉、鸡精大火煮开。

5. 加入金针菇、粉丝、肥牛片,煮至肥牛片由红转为白色,撒上香葱碎。

6. 炒锅内放香油烧热,趁热淋在香葱碎上即可。

辣椒滑炒肉

原料

猪肉200克,辣椒60克,葱段、姜片各适量

调料

盐5克,生抽5毫升,醋8毫升,料酒10毫升,食用油适量

做法

1. 辣椒清洗干净,剖开后去掉白色的筋和辣椒子。
2. 将辣椒切成段。猪肉切成片,加入3克盐、料酒、少许食用油,拌匀后腌渍10分钟。
3. 锅里放适量油,油热后将肉片下锅,不断滑炒肉片。
4. 加入醋、生抽、葱段、姜片爆香,加入辣椒段、盐翻炒均匀即可出锅。

营养功效　　青椒具有增加食欲、帮助消化,促进肠蠕动的作用,还具有解热、镇痛的作用,能够通过发汗而降低体温,并缓解肌肉疼痛。

酱香鸭子

原料

鸭子半只,葱2段,姜5片

调料

八角2个,桂皮1小块,花椒少许,丁香2粒,甘草3片,草果1个,陈皮1块,料酒20毫升,酱香酱油40毫升,老抽25毫升,原色冰糖30克

做法

1. 鸭子洗净,锅中放水,放料酒10毫升、葱1段、姜2片,烧开后放入鸭子焯去血水,捞出鸭子,凉水冲洗,控一下水分。
2. 把鸭子皮朝下放入压力锅里,放入葱姜及所有的调料,加水250毫升。
3. 用压力锅煮13分钟后关火,另取炒锅加热,放入鸭子及少量压力锅中的汤汁,大火收汁。
4. 将鸭肉出锅凉凉后切块,装盘即可。

营养功效   鸭肉适用于体内有热、上火的人食用;发低热、体质虚弱、食欲不振和水肿的人,食之更佳。

芝麻烤鸡

原料

童子鸡1只,芝麻适量

调料

奥尔良烤翅腌料、蜂蜜各适量

做法

1. 童子鸡清洗干净,用奥尔良烤翅腌料腌渍一夜。
2. 烤箱预热至220℃,将腌好的鸡放入烤箱。
3. 烤15分钟,取出,刷上一层奥尔良烤翅腌料和蜂蜜,翻面。
4. 继续烤15分钟,取出,刷奥尔良烤翅腌料,再翻面,烤10分钟左右。
5. 取出,撒上芝麻,继续烤5分钟左右即可。

营养功效　鸡肉的蛋白质含量较高,很容易被人体吸收利用,有增强体力、强壮身体的作用。另外,鸡肉含有对人体生长发育有重要作用的磷脂类,是中国人膳食结构中磷脂的重要来源之一。

砂锅煲

原料

五花肉300克,油菜适量

调料

食用油、盐、淀粉、酱油各适量

做法

1. 把五花肉洗干净,切块,装在盘子中。
2. 加上适量的盐、淀粉、酱油腌渍15分钟。
3. 锅中倒入少量的油,油热后,把腌渍好的五花肉倒入锅中大火翻炒。
4. 把油菜洗干净,切好,放在砧板上待用。
5. 五花肉翻炒出香味后,把油菜倒入锅中继续大火翻炒。加入少许水,大火翻炒,至汤汁被肉吸收即可关火。

营养功效　　油菜含有大量胡萝卜素、钙和维生素C,有助于增强机体免疫能力。油菜中含有大量的植物纤维,能促进肠蠕动,增加粪便的体积,缩短粪便在肠腔停留的时间。

虎皮鸡爪

原料

鸡爪900克,核桃仁适量

调料

姜1块,蒜1头,葱2段,八角茴香2个,盐6克,五香粉5克,生抽15毫升,料酒15毫升,白醋20毫升,鸡精3克,花椒、食用油、蜂蜜各适量

做法

1. 锅里放水,将一半姜拍碎放入煮开,放鸡爪煮开,继续煮2分钟。煮好的鸡爪冲凉水后,晾干。
2. 将蜂蜜和白醋兑好,均匀地刷在鸡爪上,一面刷好翻面再刷。刷后晾干。
3. 锅里烧油,油烧热迅速下入鸡爪。翻炸防止鸡爪粘锅。
4. 将炸好的鸡爪直接捞入冰水中,浸泡2小时后,沥干水分。
5. 锅中留少许油加热,放入姜、蒜、葱、花椒、八角茴香煸炒出香味,放五香粉炒均匀。加水、料酒、生抽、盐,煮开。
6. 放入鸡爪及核桃仁,大火烧开,小火煮10分钟,放入鸡精,熄火浸泡鸡爪到入味即可。

营养功效　　鸡爪的营养价值颇高,含有丰富的钙质及胶原蛋白,多吃不但能软化血管,同时具有美容的功效。

排骨茄子煲

原料

茄子2个,排骨250克,蒜蓉、姜末、葱段各适量

调料

盐、食用油、鸡粉、白糖、生抽、豆豉、黄酒、蚝油各适量

做法

1. 茄子洗干净切成小长条,水开后上锅蒸10分钟。
2. 锅里下少许油,加入一半的蒜蓉、姜末、葱段炒香,再加入蒸好的茄子炒均匀,加入鸡粉、盐、白糖、生抽炒均匀后盛出备用。
3. 锅里烧热油后把剩下的蒜蓉、姜末、葱段、豆豉下锅爆香,加入排骨炒均匀,加入盐、黄酒、鸡粉、白糖、生抽、蚝油炒匀,加入少量的热水,盖盖煮到水分收干一点。
4. 煲仔放少许的油倒入茄子,再倒入排骨,继续和筷子翻炒均匀。盖盖小火煮10分钟后加入葱花即可。

营养功效　　茄子的营养较为丰富,含有蛋白质、脂肪、糖类、维生素、钙、磷、铁等多种营养成分。

干锅茶树菇

☕原料

茶树菇、五花肉、洋葱、姜、辣椒各适量

☕调料

豆瓣酱、盐、鸡精、酱油、白糖、食用油各适量

☕做法

1. 茶树菇洗净切段,入开水锅里焯熟后捞出,沥干水分备用。
2. 五花肉切薄片,姜切丝。
3. 洋葱和辣椒切丝。
4. 锅中放少许底油,下五花肉煸至出油,下姜丝炒香。
5. 放入剁碎的豆瓣酱炒出香味,倒入洋葱和辣椒翻炒。
6. 把焯好水的茶树菇放进锅里,继续煸炒2分钟。加盐、白糖、酱油、鸡精调味后即可。

> **营养功效** 茶树菇有清热、平肝、明目的功效,可以补肾、利尿、渗湿、健脾、止泻,常用于治疗腰酸痛、胃冷、肾炎水肿、头晕、腹痛、呕吐等症;还具有降血压、抗衰老和抗癌的特殊功效。

酿甜椒

原料

猪肉馅500克,甜椒4个,马蹄2个,葱、姜、蒜各少许,鸡蛋2个

调料

淀粉、料酒、蚝油、生抽、老抽、白糖、食用油各适量

做法

1. 葱切葱花,姜、蒜切末,马蹄切碎。
2. 猪肉馅里加入鸡蛋、马蹄碎、葱花、姜末、蒜末、淀粉、料酒、蚝油、生抽、白糖,顺时针搅拌上劲。
3. 甜椒洗净,去净内部的子,切成4瓣。
4. 将调好的肉馅均匀地酿入甜椒里,锅里放入油温热,放入酿好的甜椒,中火煎黄起皱。
5. 将适量生抽、老抽、白糖、少量水混合均匀,倒入锅里。
6. 大火煮开,转中火煮10-15分钟,收浓汤汁装盘即可。

香煎鸡翅中

🍲 原料

鸡翅中500克

🍲 调料

酱油、料酒、胡椒粉、盐、柠檬汁、鸡精、黄油各适量

🍲 做法

1. 将鸡翅中洗净装碗，放入酱油、料酒、胡椒粉、盐、鸡精腌渍1～2小时。
2. 将柠檬汁均匀抹在腌好的鸡翅上。
3. 在煎锅上涂抹一层黄油，并将鸡翅逐一放入煎锅中，煎10分钟即可。

营养功效　　鸡翅含有大量维生素A。维生素A对保护视力、促进生长，以及上皮组织、骨骼的发育都是必需的。

葱炮羊肉

原料

切片羊肉300克,洋葱30克,大葱8根,大蒜4瓣

调料

食用油、淀粉、水淀粉各适量,香油、酱油、白醋、白糖、味精各20克

做法

1. 将羊肉用酱油、味精、淀粉抓拌,腌10分钟后倒出多余汁料,沥干。
2. 洋葱洗净切块,大蒜洗净切片,大葱洗净切段。
3. 往锅里加油,烧热,倒入羊肉爆炒1分钟,盛出。
4. 往炒锅里加油,倒入洋葱、大蒜、大葱,煸2分钟至飘出香味,将炒过的羊肉入锅一同翻炒,并调入白醋、香油、白糖。
5. 炒锅中的所有材料煸炒2分钟后,均匀盛入平底铁锅中,大火加热,用水淀粉勾薄芡,盛出即可。

营养功效　　葱叶部分要比葱白部分含有更多的维生素A、维生素C及钙。维生素C有舒张小血管、促进血液循环的作用。

凉拌牛肉片

原料

牛腱子肉1000克,老姜1小块,八角2粒,大葱白1根,白芝麻适量

调料

黄酱100克,料酒45毫升,花椒5克,桂皮1小块,酱油15毫升,盐10克,白砂糖15克,辣椒油适量

营养功效 　　牛肉有补中益气,滋养脾胃,强健筋骨,化痰息风,止渴止涎之功效,适宜于中气下陷、气短体虚、筋骨酸软、贫血久病及面黄目眩之人食用。

做法

1. 用流水洗净牛腱肉表面污物,整块放入凉水锅中大火煮,煮沸后将水面的血沫撇去,边煮边撇,约15分钟,肉中的血水就清除干净了。捞出肉块沥干水分。

2. 将牛腱肉放入汤锅中,加入热水至完全没过肉面,放入酱油、黄酱、盐、糖、料酒、葱段、姜片和状入纱布袋的花椒、大料、桂皮,盖盖大火煮半小时,然后调小火炖2小时以上,最后揭起锅盖再用大火炖15分钟,使肉块均匀入味。

3. 捞出牛腱肉,在大碗上架一双筷子,将肉放在上面沥水凉凉。

4. 牛肉彻底放凉后表面发紧,就可以切片了。切时应逆着肉丝纤维的方向,且宜薄片装盘,淋上辣椒油即可。

嫩猪蹄

原料

猪蹄550克,姜8克,大葱13克

调料

生抽15毫升,白糖50克,料酒25毫升,香油10毫升,盐、鸡精、食用油各适量

做法

1. 将猪蹄刮毛洗净,短毛用火烧掉,剁去蹄尖,劈成两半,然后剁成小块。
2. 把猪蹄下冷水锅,水烧开后捞起猪蹄。姜切厚片,大葱切段。
3. 锅里放入油烧热,放入白糖炒成红褐色并不断冒泡时,放入猪蹄,并用中火或大火加热,不断地翻炒,放入姜片、葱段、生抽、料酒、香油、盐、鸡精,不断翻炒,越炒颜色越深,至熟即可食用。

营养功效　　猪蹄中含有大量的胶原蛋白,它在烹调过程中可转化成明胶。明胶具有网状空间结构,它能结合许多水,增强细胞生理代谢,有效地改善皮肤组织细胞的储水功能,使细胞得到滋润,保持湿润状态,防止皮肤过早出现褶皱,延缓皮肤的衰老过程。

鱼香肉丝

原料

里脊肉250克,青椒半个,西红柿1个,葱末、姜末、蒜末各少许

辅料

盐1克,白糖15克,醋5毫升,酱油1毫升,淀粉、鸡粉、胡椒粉、豆瓣酱、食用油各适量

<table>
<tr><td rowspan="1">营养功效</td><td>西红柿含有丰富的维生素、无机盐、糖类、有机酸及少量的蛋白质。有促进消化、利尿、抑制多种细菌的作用。</td></tr>
</table>

做法

1. 取1个碗,加入半碗水,放入盐、白糖、醋、淀粉及酱油调匀,制成鱼香汁。

2. 青椒切丝,西红柿切块。

3. 里脊肉切丝,加入盐、鸡粉、胡椒粉、淀粉,加少许水,拌至发黏,腌渍10分钟。

4. 锅中放油,烧热后放入肉丝,迅速炒散,至肉色变白即关火盛出。

5. 锅中留底油,爆香蒜末及姜末,加入豆瓣酱炒香。

6. 加入青椒,最后加入葱末及肉丝。

7. 倒入鱼香汁翻炒匀,用西红柿装饰即可。

四喜丸子

原料

猪肉500克,鸡蛋1个,葱、姜各适量

调料

盐、料酒、酱油、水淀粉、食用油各适量

做法

1. 将猪肉剁成肉馅,葱、姜剁成末。

2. 把肉馅放入大的容器,倒入适量的水,充分搅拌均匀。千万不要放太多,否则丸子不成型。

3. 放入鸡蛋清、葱末、姜末搅拌均匀,倒入酱油、盐、料酒充分搅拌,倒入少许水淀粉,始终按照一个方向搅拌。

4. 锅中油六成热时,倒入丸子,中火炸制成型。捞出后,放入盘中,入蒸锅蒸30分钟。

5. 锅中倒入少许油,将蒸丸子的汁倒入锅中烧开,淋少许水淀粉勾芡,浇在丸子上即可。

营养功效 油菜中含有丰富的钙、铁和维生素C,胡萝卜素也很丰富,是人体黏膜及上皮组织维持生长的重要营养源,对抵御皮肤过度角化大有裨益。

熘肉段

原料

瘦猪肉、青椒、红椒、葱、蒜各适量

调料

酱油、蚝油、米醋、料酒、胡椒粉、淀粉、鸡精、白糖、盐、食用油各适量

做法

1. 瘦猪肉切小块，青椒、红椒切菱形片，葱切段，蒜切片。
2. 把酱油、蚝油、米醋、料酒、胡椒粉、淀粉、鸡精、白糖、盐和水混合均匀，制成料汁。
3. 锅中注油加热，淀粉加水调成面糊，把猪肉裹上面糊后下入锅中，将猪肉炸至呈金黄色时捞出。
4. 锅中留底油加热，放入葱、蒜爆香，下入青椒和红椒，倒入料汁，翻炒均匀。
5. 将猪肉回锅，继续翻炒，待汤汁收至浓稠即可出锅。

营养功效　青椒果肉厚而脆嫩，富含B族维生素、维生素C、胡萝卜素，具有温中散寒、开胃消食、促进脂肪代谢等功效。

熘 腰 花

原料

鲜猪腰、葱末、姜末、蒜末各适量

调料

盐、味精、水淀粉、酱油、白糖、料酒、香油、食用油各适量

做法

1. 猪腰洗净,对剖成两半,去净腰臊,切成腰花,放入碗中,加入少许盐、酱油、料酒拌匀,腌渍入味。

2. 将盐、酱油、白糖、味精、料酒、水淀粉等调成味汁。

3. 炒锅上火,放入食用油,油温到七八成热时,下入猪腰,滑散,待猪腰翻卷成花且断生后,倒入漏勺沥油。锅中留底油,放入葱末、姜末、蒜末炝锅,再投入腰花,烹入调好的味汁,炒均匀后淋入香油,出锅装盘即成。

营养功效　　猪腰含有蛋白质、脂肪、糖类、钙、磷、铁和维生素等,有健肾、理气的功效。

红烧肉

原料

带皮五花肉750克,豆豉、洋葱、生姜、大蒜、干辣椒各10克,肉汤1000毫升,八角茴香1个,桂皮2克,葱花少许

调料

盐5克,味精1克,老抽2毫升,糖色3克,腐乳汁2克,冰糖、绍酒、食用油各少许

做法

1. 将五花肉加清水煮沸捞出,洗净,滤干,改成15厘米见方的大块,与八角茴香、桂皮、生姜、冰糖一起放入碗中上笼蒸至八成熟,改切成5厘米见方的块。

2. 将炒锅注油,烧至油温六成热时,将肉放入锅内,小火炸出香味至肉块呈焦黄色时捞出,控干油。

3. 锅内留底油,分别下入豆豉、洋葱、生姜、八角茴香、桂皮、干辣椒,炒香,放入肉块,加肉汤,下盐、味精、糖色、老抽、腐乳汁、绍酒,用小火煨1小时。

4. 至肉酥烂时,下大蒜稍煨,收汁,撒少许葱花即可出锅。

营养功效　　猪五花肉含有丰富的优质蛋白质和人体必需的脂肪酸,具有补肾养血、滋阴润燥的功效;但由于猪五花肉中胆固醇含量偏高,故糖尿病病人、肥胖者及血脂较高者不宜多食。

干炸小排

🍲 原料

猪小排段500克,大蒜6瓣

🍲 调料

料酒10毫升,盐10克,胡椒粉10克,生抽10毫升,食用油适量

🍲 做法

1. 将大蒜剁碎,加水,调成汁。
2. 把蒜汁、料酒、盐、胡椒粉、生抽与排骨混匀,腌制2小时。
3. 将油烧至四成热,放入小排,小火炸5分钟,调成中火炸2分钟至外表收紧,颜色呈浅金红色,捞出。
4. 将油烧至七八成热,倒入小排复炸5分钟,至水分大部分挥发,表面更紧,颜色呈深金红色,捞出装盘即可。

营养功效　猪小排含优质蛋白质和人体必需的脂肪酸。猪小排提供的有机铁和促进铁吸收的半胱氨酸,能改善缺铁性贫血。

珍 珠 肉 圆

原料

猪肉馅200克，糯米200克

调料

黄酒、盐、味精、白糖、水淀粉、食用油各适量

做法

1. 将肉馅加黄酒、盐、味精用力搅打上劲。

2. 把糯米用冷水浸泡12小时，或用温水泡3~4小时，使其吸水涨大。沥去水，铺在盘里，再用手抓肉馅挤出肉圆，放在糯米上滚一圈，使之沾上一层糯米。将肉圆置于另一盘中，上笼蒸熟（蒸8~10分钟）。

3. 另取锅加热，添少许水，加盐、味精、白糖，用水淀粉勾芡，调成淡黄色的汁，淋浇在肉圆上即成。

营养功效

糯米又叫江米，是大米的一种，常被用来包粽子或熬粥。中医认为，其味甘、性温，能够补养人体正气，吃了后会周身发热，起到御寒、滋补的作用，最适合在冬天食用。

凉拌肚丝

原料

新鲜猪肚1个,葱末、姜末、八角茴香、桂皮、大蒜、青椒丝、红椒丝各适量

调料

盐、生抽、鸡精、香油、蚝油、料酒各适量

做法

1. 将猪肚去除表面的油块,用盐把猪肚的正反面反复搓洗,直至没有异味,用清水洗净。
2. 将洗净的猪肚放高压锅里,加水没过猪肚,加桂皮、大蒜、八角茴香,放入料酒,高压锅上气25分钟后关火。
3. 取出猪肚,凉凉后切成丝,摆盘。
4. 在肚丝上撒上蒜末、葱末、姜末、青椒、红椒,淋上蚝油、生抽、鸡精,香油,拌匀即可。

营养功效

　　猪肚含有蛋白质、脂肪、糖类、维生素及钙、磷、铁等,具有补虚损、健脾胃的功效,适于气血虚损、身体瘦弱者食用。

肘子肉焖花生

原料

猪后肘1个,冬菇(干)6朵,花生(炒)100克,姜片5片,大蒜蓉适量,红糖适量

调料

冰糖5克,生抽10毫升,盐5克

做法

1. 将猪肘子去毛斩件,洗干净,放在烧开的沸水汆几分钟,冲洗干净。
2. 在电饭锅里放入水、盐和生抽,把猪肘子浸泡在调料里。用水浸泡花生和干冬菇。
3. 把泡软的花生和冬菇沥水待用,把红糖放入锅中。
4. 猪肘子皮上色后,把花生、冬菇、姜片、蒜蓉、冰糖混合在一起,放在电饭锅里。按下电饭锅的煮饭键,电饭锅工作完毕打开盖子,香喷喷的猪肘子焖花生就可以吃了。

营养功效　花生中含十多种人体所需的氨基酸,其中赖氨酸可使儿童提高智力,谷氨酸和天门冬氨酸可促使细胞发育和增强大脑的记忆能力。

木耳黄瓜炒肉片

原料

黄瓜100克,黑木耳100克,里脊肉200克,葱花、姜末各适量

调料

盐、食用油各适量,酱油、料酒、干淀粉各少许

营养功效 　　黄瓜肉质脆嫩,汁多味甘,生食生津解渴,且有特殊芳香。黄瓜含水分为98%,还含维生素C、维生素E、胡萝卜素、烟酸、钙、磷、铁等营养成分。

做法

1. 黑木耳清水泡发,去掉根部,洗净。

2. 里脊肉切片,肉片放入碗里,用少许的料酒、干淀粉抓匀;黄瓜斜着切片。

3. 锅中放适量的水烧开,放入黑木耳焯水后,捞出备用。

4. 锅中放适量的油,放入葱花、姜末爆出香味;放入肉片翻炒;待肉片变色后,放入酱油,翻炒均匀后盛出待用。

5. 锅底留油,放入黄瓜片;快速翻炒几下,放入黑木耳、肉片快速翻炒,放适量的盐调味;再次翻炒均匀后,即可起锅装盘。

酥炸鱿鱼须

原料

鱿鱼须250克,鸡蛋50克,红辣椒丝50克,香菜段少许

调料

清酒10毫升,鸡精3克,水淀粉、色拉油各50毫升

做法

1. 将鱿鱼须洗净,切成8厘米长的段;将清酒、鸡精调成腌汁,放入鱿鱼须,浸泡3小时。

2. 将鸡蛋打散,加入水淀粉,搅匀,调成糊。将泡好的鱿鱼须沥干汁,外面裹上调成的糊。

3. 将鱿鱼须放入六成热油锅中,炸至其呈金黄色,装盘,撒上红辣椒丝、香菜段即可。

营养功效 鱿鱼的营养价值很高,富含人体必需的多种氨基酸,是海洋赐予人类的天然水产蛋白质。

卤水鹅翅

原料

鹅翅500克,姜片、葱段各适量

调料

卤水、料酒各适量

做法

1. 将鹅翅洗净,切成段。
2. 将鹅翅、姜片、葱段冷水下锅煮。煮开后加入料酒。
3. 煮3分钟,将鹅翅捞出,用清水冲洗一下。
4. 锅中放入卤水、清水,卤水跟清水的比例是1:4,放入鹅翅,水要盖过鹅翅。
5. 大火煮开后,小火煮20分钟即可。

营养功效　　鹅翅含蛋白质、脂肪、维生素A、B族维生素、糖类。其中蛋白质的含量很高,对人体健康十分有利。

牛肉上海青

原料

牛肉300克,鸡蛋1个,红椒1个,上海青200克,姜、大蒜各适量

调料

盐、淀粉、食用油、料酒、生抽各适量

做法

1. 将牛肉洗净,切成大片。
2. 将牛肉放入大碗,加入料酒、生抽、鸡蛋清、淀粉,腌渍30分钟。
3. 姜切末,大蒜切片,红椒切块。
4. 上海青洗净,在开水中焯一下,捞出过凉水备用。
5. 锅中注油加热,油温六成热时,放入牛肉滑炒。放姜、大蒜,快速翻炒,接着放上海青、红椒、盐,翻炒至熟即可出锅。

营养功效 | 上海青含有大量胡萝卜素和维生素C,有助于增强机体免疫功能。

蘑菇红烧鸡

原料

三黄鸡300克,口蘑200克,生姜5片,八角茴香2颗,大蒜5瓣,西蓝花100克,冰糖适量

调料

盐、白糖、味精、白胡椒粉各10克,料酒、生抽、老抽、蚝油各10毫升,食用油适量

做法

1. 将鸡带骨斩成小块,口蘑洗净切对半。
2. 用盐、白糖、料酒、生抽、蚝油将鸡块拌匀,腌渍20分钟。
3. 锅内放入油,放入姜片、大蒜、八角茴香小火炒出香味。
4. 转中火,放入鸡块煸炒。
5. 煸炒至鸡肉缩紧。
6. 加入清水,水量仅至鸡块的8成量。
7. 大火煮开后,转小火加盖焖5分钟左右。
8. 加入口蘑、西蓝花,加入老抽、冰糖、白胡椒粉、味精,继续加盖小火焖。
9. 焖至汤汁快收干时,即可起锅。

营养功效   干蘑菇所含蛋白质高达30%以上,每100克鲜菇中的维生素C含量高达206.28毫克,而且蘑菇中的胡萝卜素丰富,又有"维生素A宝库"之称。

叉烧排骨

🍵 原料

排骨段500克

🍵 调料

叉烧酱100克,蚝油15毫升,蜂蜜20毫升

🍵 做法

1. 排骨洗净后,放入容器中。
2. 倒入80顾叉烧酱、15毫升蜂蜜和蚝油。
3. 将酱料和排骨拌匀后,封上保鲜膜,放入冷藏室腌渍一晚。
4. 取一张锡纸,将腌好的排骨平放在锡纸上。
5. 用锡纸将排骨包上,放在温度设置为220℃的烤箱内,烤制20分钟。
6. 打开锡纸,在排骨上刷上几层叉烧酱。
7. 继续烤3分钟后刷上一层蜂蜜即可食用。

营养功效

蜂蜜甘甜味美、营养丰富、价格低廉,是一种极好的药食兼用的天然物品。内服可调理脾胃,增强免疫力;外用可治疗烫伤、冻伤,并有滋润皮肤、杀菌消炎功能。

肉馅茄子

🍲 原料

长茄子2个,肉馅200克,葱花、姜片、蒜末各少许

🍲 调料

蚝油20毫升,鸡精、白糖、十三香、水淀粉、生抽、食用油各适量

营养功效

茄子含丰富的维生素P,这种物质能增强人体细胞间的黏着力,增强毛细血管的弹性,减低毛细血管的脆性及渗透性,防止微血管破裂出血,使心血管保持正常的功能。此外,茄子还有防治坏血病及促进伤口愈合的功效。

🍲 做法

1. 肉馅加入葱花、生抽、鸡精、十三香搅拌均匀。
2. 长茄子洗净中间切开,再在每段上竖直划开三四道口,底不切开。
3. 把调好的肉馅分别夹入切好的茄子中。
4. 上蒸锅开锅后蒸15分钟。
5. 炒锅中倒入油,放入葱、姜、蒜,爆香。
6. 把蒸好的茄子连同蒸茄子时蒸出的汤汁一同下锅,加入蚝油、白糖,用水淀粉勾芡收汁即可出锅。

豆腐包肉

🍲原料

豆腐、肉馅、生姜末、葱花各适量

🍲调料

蚝油、胡椒粉、嫩肉粉、酱油、盐、食用油各适量

🍲做法

1. 肉馅加入嫩肉粉、生姜、蚝油、葱花、盐搅拌均匀,制成肉酿。

2. 豆腐对半切开,再切成六小块,中间用勺子挖空。

3. 将肉酿放入豆腐中,油起锅,烧到六成热,放入豆腐煎。豆腐呈黄色时翻面,继续煎至两面都呈金黄色。盛出备用。

4. 酱油、耗油、胡椒粉、水调成汁。

5. 将豆腐和汁放入锅中煮3分钟左右,大火收汁,撒上葱花即可。

营养功效　　豆腐为补益清热养生食品,常食可补中益气、清热润燥、生津止渴、清洁肠胃。

香葱炸鸡块

原料

鸡胸肉500克,鸡蛋1个,小麦面粉100克,面包糠100克、蒜末、葱花各适量

调料

盐、黑胡椒、食用油各适量

做法

1. 鸡胸肉洗净。切成块状。

2. 加入黑胡椒、盐、蒜末腌渍30分钟。

3. 将鸡蛋打散,加入盐、面粉和少许清水,调成糊状。

4. 将腌渍好的鸡块在面糊里蘸一下,然后再到面包糠里面滚一圈。

5. 平底锅热油,将裹好面包糠的鸡块铺在锅中,煎炸至两面呈金黄色,撒上葱花即可。

营养功效

　　鸡肉蛋白质含量较高,且易被人体吸收入利用,有增强体力,强壮身体的作用。

洋葱炒鸡胗

原料

鸡胗10个,洋葱半个,青彩椒半个,蒜、姜各适量

调料

老抽、料酒、白糖、盐、鸡精、胡椒粉、淀粉、食用油、芝麻各适量

做法

1. 鸡胗洗净切片,加盐,老抽,白糖,胡椒粉,料酒,淀粉拌均匀,洋葱、青彩椒切丝,蒜、姜切末。
2. 锅里放油加八成热,倒入鸡胗爆炒,焯至变色后盛出备用。
3. 锅底留油爆香蒜、姜,倒入洋葱翻炒出香味。加入青彩椒丝翻炒,加盐,鸡精,糖,炒匀。再加入鸡胗翻炒均匀,加鸡精、芝麻炒匀出锅装盘即可。

营养功效　　　鸡胗含糖类、蛋白质、维生素A、维生素C、维生素E、胡罗卜素以及各种微量元素等。鸡胗可以消食导滞,帮助消化。治食积胀满、呕吐反胃以及利便、除热解烦。

酥炸里脊

🍲 原料

里脊肉300克,淀粉60克,鸡蛋1个,葱末、姜末各少许

🍲 调料

食用油、盐、料酒、酱油、胡椒粉各适量

🍲 做法

1. 将里脊肉切成1厘米宽、2厘米长的块,用盐、料酒、酱油、黑胡椒粉、葱、姜腌渍30分钟。

2. 将鸡蛋打散与淀粉、少许食用油调成糊。

3. 将里脊块挂糊,用温油炸至外皮凝固捞出,继续加热油锅,至油温上升至七成热时,复炸里脊块至其呈金黄色盛出即可。

营养功效　　　猪里脊肉含有人体生长发育所必需的优质蛋白质、脂肪、维生素等,而且肉质较嫩,易消化。

炖牛肉

原料

牛肉500克,胡萝卜100克,橙皮、姜各适量

调料

食用油、料酒、生抽、盐各适量

做法

1. 将牛肉切成块,放入沸水锅中汆一下,再控净水捞出,用清水冲去浮沫,控净水。

2. 胡萝卜洗净,切成滚刀块;橙皮、姜切片。

3. 将锅置于旺火上,倒入食用油烧热,放入橙皮、姜片煸炒出香味。

4. 放入牛肉块煸炒,加上料酒、生抽及开水,烧沸后转小火。

5. 炖至牛肉块八成熟时,加入切好的胡萝卜块,炖至胡萝卜熟烂,入盐调味即可。

营养功效　　牛肉含有丰富的无机盐和B族维生素,还是每天所需要的铁质的最佳来源。牛肉提供高质量的蛋白质,各种氨基酸的比例与人体蛋白质中各种氨基酸的比例基本一致,其中所含的肌氨酸比任何食物都高。

填馅蘑菇

原料

蘑菇150克,洋葱半个,大蒜3瓣,培根30克,奶酪适量

调料

黑胡椒1小勺,面包糠适量,盐适量

做法

1. 烤箱200℃预热。将培根、大蒜、洋葱、奶酪切碎。
2. 将培根、大蒜和洋葱下锅炒香,拌入奶酪和面包糠,用盐和黑胡椒调味,制成馅料。
3. 蘑菇洗干净,去掉菌柄。
4. 将馅料填入蘑菇,表面撒上奶酪。
5. 将蘑菇装入烤盘,放入烤箱,200℃烤20分钟,取出稍微放凉,趁热食用即可。

营养功效　　　奶酪中维生素 A、维生素 D、维生素 E 和维生素 B_1、维生素 B_2、维生素 B_6、维生素 B_{12} 及叶酸的含量丰富,有利于儿童的生长发育。奶酪中含有钙、磷、镁、酪蛋白等重要营养物质,大部分的钙与酪蛋白结合,吸收利用率很高,对儿童骨骼生长和健康发育均起到十分重要的作用。奶酪中含有一定量的亚油酸和亚香油酸,为儿童生长发育所必需。

红烧排骨

原料

排骨400克,姜片、大葱各适量

调料

八角茴香、桂皮、草果、香叶、丁香、花椒各适量,盐、味精、白糖、料酒、酱油、色拉油各适量

做法

1. 排骨斩成5厘米的段,放入沸水中略焯一下,除去血水,捞起待用。
2. 葱洗净后,去掉两头,打成葱结。
3. 锅中放色拉油,开大火烧热后,转小火,下入白糖。
4. 以小火慢慢炒化白糖,等糖熔化变色,开始冒泡时,立刻倒入排骨,炒匀。
5. 放入姜片、八角茴香、桂皮、草果、香叶、丁香、花椒,炒出香味后,加入少量料酒和酱油,再略翻炒一下。
6. 加入适量热水,放入盐和葱结。
7. 大火烧开后,撇去浮沫,转小火炖40分钟,至排骨熟软。
8. 捞去锅中的葱、姜和其他大块调料。
9. 大火收汁,等汤汁浓稠时,加适量味精即可起锅。

营养功效　　猪排骨除含蛋白质、脂肪、维生素外,还含有大量磷酸钙、骨胶原、骨黏蛋白等,可为幼儿和老人提供钙质。猪排骨有很高的营养价值,具有滋阴壮阳、益精补血的功效。

香酥鸡

🍲 原料

笋母鸡750克,葱段25克,清汤150毫升,姜片25克

🍲 调料

酱油75毫升,花生油1000毫升,味精3克,绍酒25毫升,白糖10克,花椒3克,盐3克,八角茴香3克,丁香2克

🍲 做法

1.将鸡洗净,从脊背砸断鸡翅大转弯处,剁去翅尖、鸡爪、嘴,用清水洗净,然后用花椒、盐将鸡身搓匀,再把葱、姜拍松,与丁香、八角茴香一起放在鸡腹,腌渍 2～3小时。

2.将腌好的鸡放在盆内,加清汤、酱油、绍酒、味精、白糖,上蒸锅蒸烂(约40分钟)取出,把葱、姜、花椒、丁香、八角茴香去掉。

3.油锅内放入花生油,在旺火上烧至八九成熟,将蒸烂的鸡放入漏勺内,在油中冲炸,至鸡皮显枣红色时翻面再稍炸即可捞出。

4.食用时切成宽 1.7厘米,长4厘米的块。摆在盘内即可。

Chapter 4

鲜香味美的水产类

水产类不仅鲜香味美,而且营养丰富,

孩子适量食用水产类,可以让记忆力和感知力都呈现出良好的状态。

水产类的烹饪方法极简单,

清蒸、水煮鲜嫩,炒、炸、煎美味,

不同的烹调方式可以衬托出水产类不同的鲜美。

宝贝的小餐桌已经迫不及待地等着端上水产类佳肴了!

浇汁鳜鱼

原料

鳜鱼1条,蒜片适量

调料

盐3克,白糖3克,米醋5毫升,料酒7毫升,生抽5毫升,淀粉、番茄酱、食用油各适量,香油、高汤各少许

做法

1. 将鳜鱼去鳞去鳃,收拾干净,然后把鱼肚两侧用刀斜着切片但不能切透。
2. 将料酒、盐均匀地抹在鱼头和鱼肉上,裹上淀粉,每一片都抹好,抖去余粉。
3. 起油锅,油烧至八分热时,鱼头朝下用勺子往鱼身上浇热油,使鱼定型,定型后将鱼放入锅中炸熟,至呈金黄色时捞起,放入盘中。
4. 将番茄酱倒入碗中,加入高汤,调匀。再放入白糖、米醋、生抽,制成调味汁。
5. 锅内倒入少许油,放入蒜片煸香,下入调味汁,烧开后淋入香油。起锅,浇在鱼上即可。

营养功效　鳜鱼含有蛋白质、脂肪、维生素、钙、钾、镁、硒等营养素,肉质细嫩,极易消化,适宜体质衰弱、虚劳羸瘦、脾胃气虚、饮食不香、营养不良之人食用。

清蒸鲈鱼

原料

鲈鱼1条,葱丝、姜片各适量,红椒丝少许

调料

盐3克,豉油15毫升,料酒适量,葱油汁少许

做法

1. 鲈鱼去鳞、去鳃、去内脏,处理干净。以斜刀在鱼身上划几刀,把鱼身的里里外外都抹上盐和料酒,腌渍15分钟左右。

2. 留部分葱丝,其余的葱丝和姜片分成3份,一份放于盘底,一份塞入鱼肚里,一份放在鱼身上。

3. 蒸锅加水,把鱼放进去,大火烧开后,蒸10分钟。

4. 鱼蒸熟后取出,去掉姜片,淋上豉油,浇上葱油汁。

5. 撒上葱丝、红椒丝点缀即可。

营养功效 　　鲈鱼中富含蛋白质、脂肪、钙、磷、铁、铜、维生素等营养成分,具有很高的营养价值。它可以用于辅助治疗脾胃虚弱、食少体倦,具有健脾胃、补肝肾、化痰止咳的功效,对肝肾不足的人有很好的补益作用。而且鲈鱼是一种既可以补身,又不会造成营养过剩而导致肥胖的营养食物。

红烧武昌鱼

原料

武昌鱼1条，葱、姜、蒜各适量

调料

料酒7毫升，盐、淀粉、食用油、番茄酱、米醋、白糖、鸡精各适量

做法

1. 武昌鱼洗净，收拾干净，在鱼身的两面划几刀，用盐、料酒腌渍10分钟，备用。葱、姜、蒜切末，备用。

2. 用淀粉裹上武昌鱼，并抖落多余的淀粉。

3. 起油锅，将武昌鱼放入锅内，煎至熟，捞出。

4. 锅内放少许油，放入葱、姜、蒜，爆香。加入番茄酱、米醋、白糖、鸡精，烧开，制成汤汁。

5. 将做好的汤汁浇在武昌鱼上即可。

营养功效 武昌鱼具有补虚、益脾、养血、祛风、健胃之功效，适于贫血、体虚、营养不良、不思饮食之人食用，同时，也有利于人体对营养的吸收。

煎带鱼

原料

带鱼500克,姜、葱、青椒、红椒各少许

调料

料酒7毫升,盐3克,生抽5毫升,淀粉、五香粉、植物油各适量,花椒粒少许

做法

1. 姜和葱切丝,青椒、红椒切粒备用。带鱼洗净去内脏,收拾干净,切段,用料酒、盐、五香粉、生抽、姜丝、葱丝腌渍2小时。

2. 将腌渍好的带鱼段拭去过多水分后,用淀粉包裹,使带鱼表面干燥。

3. 平底锅内倒入油,放入花椒,炒香后去除花椒,放入带鱼段,小火慢煎至其呈金黄色,起锅装盘,点缀上青椒、红椒即可。

营养功效 　带鱼身上的银鳞,是一层特殊脂肪形成的表皮,营养价值较高,在处理时不要过度刮拭。其中含有不饱和脂肪酸,可以使皮肤光嫩、细滑,头发光滑、乌黑;还含有卵磷脂,有益于大脑的发育,增强记忆力。

香煎罗非鱼

原料

罗非鱼1条,葱、姜各适量

调料

盐、料酒、食用油各适量

做法

1. 罗非鱼洗净,鱼肉划刀,用料酒和盐擦鱼身,腌制15分钟左右;葱切段;姜切片。

2. 热油锅,把鱼放下去,大火煎35秒,然后改中小火煎3分钟,盖上盖子,中途无须动锅。

3. 3分钟后,翻面,继续先用大火煎35秒,然后改小火煎3分钟,盖上盖子,中途无须动锅。

4. 煎到两面呈金黄色,将葱段和姜片放进去炸香,用中火适当煎两三分钟,待鱼完全熟透,即可出锅装盘。

营养功效 罗非鱼蛋白质含量高,富含人体所需的多种必需氨基酸,其中谷氨酸和甘氨酸含量特别高,属于优质高蛋白产品,易于人体消化和吸收。

香酥鱿鱼

原料

鱿鱼1条，低筋面粉50克,鸡蛋1个,面包屑适量

调料

盐2克,料酒5毫升,植物油适量

做法

1. 清洗新鲜鱿鱼,去皮、去内脏,除去鱿鱼须子部分。
2. 将整只鱿鱼切成块,把鱿鱼放入碗中,加盐、料酒,充分搅匀,腌渍5分钟。
3. 分别准备三个容器,依次放入低筋面粉、打好的鸡蛋液、面包屑,同时也按这个顺序,将腌渍好的鱿鱼块依次裹上面粉、蛋液、面包屑。
4. 锅中倒入油,用大火加热至七成热时转小火,放入鱿鱼块,炸至呈金黄色捞出即可。

营养功效　　鱿鱼富含钙、磷、铁元素,利于骨骼发育和造血,能有效治疗贫血;富含蛋白质和牛磺酸,可缓解疲劳,恢复视力,改善肝脏功能。鱿鱼还有助于肝脏的解毒、排毒,可促进身体的新陈代谢,具有抗疲劳的功效。

红烧小黄鱼

原料

小黄鱼4条,姜片、葱花各适量

调料

盐3克,生抽5毫升,白糖3克,鸡精2克,料酒5毫升,植物油适量

做法

1. 小黄鱼洗净,备用。
2. 锅内倒入适量的植物油,开大火。
3. 油至七分热时放入姜片爆香,放入小黄鱼煎至两面呈微黄色,加入料酒、白糖、盐、生抽及水烧煮。
4. 鱼熟后,放入鸡精,拌匀,撒上葱花即可。

营养功效
　　小黄鱼含有丰富的蛋白质、糖类、脂肪、钙、磷、铁、钾、钠、镁、硒和维生素A等人体所需的营养成分,食用价值高。而且小黄鱼还具有润肺、健脾、补气血的功效。

酸汤鱼

🍲 原料

鱼片500克,葱段、姜片、蒜末、彩椒丝各适量

🍲 调料

盐5克,料酒5毫升,白醋3毫升,植物油适量

🍲 做法

1. 将鱼片洗干净,备用。
2. 锅内放少量油,六七成热的时候放入姜片、蒜末煸出香味,加入盐、料酒和适量的水,大火煮熟。
3. 滑入鱼片,待透明鱼片变白后立即捞出,放于碗中。
4. 锅内加入白醋,烧热,趁热淋入碗中。
5. 撒上葱段和彩椒丝。锅内烧油,油热后淋上即可。

营养功效

　　醋能促进钙的吸收,净化血液。醋和鱼肉一起食用,可以帮助身体吸收鱼肉中的营养成分。

火龙果炒虾仁

原料

虾仁200克,火龙果半个,黄瓜100克

调料

盐5克,鸡精1克,料酒5毫升,淀粉4克,水淀粉8毫升,白糖1克,植物油适量

做法

1. 虾仁去虾线,洗净,用3克盐、3毫升料酒、淀粉拌匀,腌渍一会儿。
2. 火龙果取肉,切小块;黄瓜洗净去皮,切斜片。
3. 锅中注水烧开,黄瓜放入焯1分钟,捞出沥水。
4. 起油锅,放入虾仁,滑炒2-3分钟,倒入料酒,放入黄瓜,炒匀。
5. 放入火龙果,炒匀。
6. 放入盐、鸡精、白糖、水淀粉,炒匀即可。

营养功效　虾仁中钙的含量为各种动植物食品之冠,特别适于老年人和儿童食用。凡是久病体虚、气短乏力、饮食不思、面黄羸瘦的人,都可将它作为滋补和食疗的食物。

开胃酸菜鱼

原料

草鱼1条,鸡蛋1个,青彩椒、红彩椒各半个,酸菜、蒜末、姜末、枸杞各适量

调料

鸡精、料酒、淀粉、盐、胡椒粉、食用油各适量

营养功效

草鱼肉质肥嫩,肉味鲜美,骨刺少,且富含维生素 B_1、维生素 B_2、烟酸、不饱和脂肪酸,以及钙、磷、铁、锌、硒等营养物质。

做法

1. 草鱼宰杀后将鱼肉切片,鱼排骨斩块,鱼头斩成两块,酸菜切丝焯水备用;青彩椒、红彩椒切丝备用。

2. 鸡蛋取蛋清,将鱼肉用蛋清、料酒、淀粉、盐、胡椒粉腌制入味,鱼排鱼头也和鱼肉一样腌制入味。

3. 锅热放少许油,爆香蒜、姜后,放入酸菜一同炒熟。

4. 另一锅放油,放入炸香鱼排骨和鱼头,炸香鱼排骨和鱼头后,加开水煮开,煮至汤汁发白后加入炒好的酸菜,再煮开后,加入鱼片,鱼片变白后加入少许胡椒粉、鸡精、枸杞,拌均出锅装盘,撒上青采椒、红彩椒丝装饰即可。

冬菇焖鱼腐

🍲 原料

鱼腐200克,冬菇200克,姜片、葱花、香菜各适量

🍲 调料

盐3克,生抽4毫升,老抽5毫升,白糖2克,香油、水淀粉、植物油各适量

> **营养功效**
>
> 　　鱼腐由鱼肉制成,富含动物蛋白质和磷等,营养丰富,滋味鲜美,易被人体消化吸收,适宜儿童食用,对体力和智力的发展具有重大作用。

🍲 做法

1. 冬菇洗干净,切成小块,备用。
2. 鱼腐用生抽、白糖、香油、水淀粉腌渍30分钟。
3. 烧热锅,倒入适量植物油,放入姜片与鱼腐翻炒片刻,然后盖上锅盖焖。
4. 两三分钟后打开锅盖,翻炒至鱼腐两边呈金黄色,继续焖约5分钟后,倒入老抽。
5. 把冬菇倒入,翻炒至冬菇断生为止。
6. 放入盐,翻炒,倒入香油,放入水淀粉勾芡,撒上香菜与葱花即可。

土豆丝虾球

🍲原料

虾200克,土豆100克,鸡蛋清适量

🍲调料

盐3克,白糖2克,柠檬汁、植物油各适量,胡椒粉、淀粉各少许

🍲做法

1. 将虾洗净,去除虾线、虾皮,保留虾尾,用柠檬汁和胡椒粉腌渍一会儿。

2. 土豆洗净去皮,切成极细的丝,用凉水冲洗后沥干水分,裹上一层薄薄的淀粉,备用。

3. 将淀粉、鸡蛋清、白糖、盐、胡椒粉和适量水混合在一起,搅拌均匀,做成面糊,备用。

4. 将腌渍好的虾去除多余的水分,在虾的表面裹上淀粉,再裹上面糊。

5. 将裹上面糊的虾用土豆丝包裹好,擦去水分。

6. 锅中注油烧热,将虾下锅,煎至其呈金黄色即可。

鱼丸

原料

鱼肉500克,蛋清3个,葱花适量

调料

盐4克,葱姜汁25毫升,鸡粉2克,熟猪油50克,水淀粉50毫升

做法

1. 将鱼肉剁成泥,加清水适量,加入盐、葱姜汁,顺着一个方向搅匀。
2. 搅至鱼肉有黏性时,加入搅打成泡沫状的蛋清、水淀粉、鸡粉、熟猪油,仍顺一个方向搅匀,即成鱼丸料。
3. 用手将鱼丸料挤成直径3厘米的鱼丸,放入冷水锅中,上火煮开,撇去浮沫,撒上葱花即可。

营养功效　　鱼丸中不但含有多种无机盐,还含有维生素和优质蛋白质,人体吸收这些营养成分以后可以滋补肝脏,提高肝脏功能。同时,鱼丸也能提高人体的造血能力,经常食用可以起到养肝补血的重要作用。

虾仁豆腐

原料

豆腐250克,虾仁50克,鸡蛋1个,姜末、葱花各适量

调料

盐3克,白糖2克,酱油5毫升,水淀粉、肉汤、植物油各适量

做法

1. 将虾仁去除虾线,洗净,沥干水分。
2. 将鸡蛋打散,放入虾仁,搅拌均匀。
3. 将豆腐放入沸水中煮3分钟,捞起沥干水分,切小块。
4. 油锅烧热,放入姜末、部分葱花,炒香。加入白糖、酱油调味,倒入肉汤,大火煮沸。再放豆腐、虾仁煮熟,加盐调味,用水淀粉勾芡,再撒上葱花即可。

营养功效   虾的营养价值很高,蛋白质含量非常丰富;豆腐中蛋白质属于完全蛋白质,其氨基酸组成比较好,人体所必需的氨基酸,它几乎都有。因此,虾与豆腐一起食用,适合对蛋白质的摄取。

炸 小 虾

原料

小虾300克,葱末、姜末、干面粉各适量

调料

盐3克,植物油适量

做法

1. 小虾洗净沥干水分,加入葱末、姜末、盐拌匀。
2. 小虾腌渍一会儿后加入干面粉,调匀。
3. 锅内倒入油,烧至七八成热时将裹了干面粉的小虾放入油锅炸,多翻几次,待小虾呈金黄色时即可捞出。

营养功效 　　小虾一般指江虾,江虾营养丰富,肉嫩味美,是一种深受人们喜爱的水产品。江虾的肉几乎不含脂肪,是非常优质的蛋白质来源,且富含多种无机盐,钙的含量尤其丰富,适合儿童食用。

煎银鳕鱼

原料

银鳕鱼2块,柠檬汁少许

调料

盐、胡椒粉、生抽各少许,植物油适量

做法

1. 银鳕鱼去皮,加少许盐、生抽、胡椒粉腌渍一会儿。
2. 将平底锅加热,不要往里面加油。在银鳕鱼块的两面刷上植物油,至锅烧至七成热时,放入银鳕鱼块。
3. 煎3分钟,翻面,再煎2分钟即可出锅。
4. 出锅后,在银鳕鱼块上滴上柠檬汁即可。

营养功效　　银鳕鱼含有儿童发育所必需的各种氨基酸,其比值和儿童的需要量非常相近,又容易被人消化吸收;还含有不饱和脂肪酸和钙、磷、铁、B族维生素等,且肉多刺少,因此非常适合儿童食用。

香煎鲮鱼

原料

鲮鱼200克

调料

盐3克,料酒5毫升,老抽5毫升,植物
油适量

做法

1. 鲮鱼洗净,斩成小块。
2. 鱼块用盐、料酒、老抽腌渍一会儿。
3. 锅中注油,烧至七成热,放入鱼块,炸至鱼块呈金黄色即可。

营养功效　　鲮鱼富含蛋白质、维生素A、钙、镁、硒等营养素,肉质细嫩、味道鲜美。从中医角度看,鲮鱼味甘、性平、无毒,有益气血、治疗脾胃虚弱及通小便的功效。

宫保虾球

原料

虾仁300克,鸡蛋清适量,葱花、蒜末各少许

调料

盐3克,白糖2克,生抽、老抽各少许,米醋2毫升,水淀粉、淀粉、高汤、食用油各适量

做法

1. 锅中注油,倒入蒜末,炒香。
2. 依次加入高汤、生抽、白糖,再加入水淀粉,翻炒匀后关火。
3. 将锅里的调味汁盛在碗里,宫保汁就做好了。
4. 虾仁洗干净,取出虾线,沥干水分。
5. 在虾仁中加入鸡蛋清和淀粉,搅拌均匀。
6. 锅中注油,烧至五六成热时,下入虾仁,炸至微微变色,捞出备用。
7. 锅中烧热少许油,倒入调好的宫保汁大火烧开。
8. 待锅里的汤汁收浓时倒入虾仁,加入盐翻炒匀。
9. 沿着锅边倒入米醋,撒入葱花即可。

营养功效　　虾中富含维生素 A,可保护眼睛;还含有 B 族维生素,能消除疲劳。虾壳中含有大量的钙质和甲壳素,能预防及改善骨质疏松及增强免疫力。

酥 炸 大 虾

原料

大虾10只,鸡蛋清适量,面粉、面包屑各少许

调料

料酒、椒盐各少许,植物油适量

做法

1. 将大虾洗净,去掉背部的虾线。
2. 放入料酒、椒盐,腌渍一会儿。
3. 裹上面粉、鸡蛋清,再均匀地裹上面包屑,备用。
4. 锅中注油,烧至七成热时,将虾放到油中炸至呈金黄色,捞出沥干油,摆盘即可。

营养功效　　虾的补益作用和药用价值均较高。中医认为,虾味甘、咸,性温,凡是久病体虚、气短乏力、饮食不思、面黄羸瘦的人,都可将它作为滋补食品。

干炸小银鱼

原料

小银鱼200克,鸡蛋1个,面粉60克

调料

盐3克,淀粉15克,植物油适量

做法

1. 小银鱼用水清洗两次,捞出,沥干水分,备用。
2. 将面粉、淀粉放入碗中,打入鸡蛋,放入盐,搅打均匀,制成面糊。
3. 将小银鱼倒入面糊中,均匀地裹上面糊。
4. 锅中注油烧热,将小银鱼倒入锅中,炸至呈金黄色,捞出即可。

营养功效　　小银鱼适宜体质虚弱、营养不足、消化不良、脾胃虚弱者,以及肺虚咳嗽、虚劳等症患者食用。小银鱼是极富钙质、高蛋白、低脂肪食品,适合儿童食用。

铁板锡纸鲤鱼

原料

鲤鱼1条,洋葱25克,香菜5克,鸡蛋50克,姜5克,香葱5克,面粉50克

调料

植物油适量,盐3克,鸡精5克,番茄酱15克,料酒10毫升,水淀粉5克,鲜汤20毫升

营养功效

鲤鱼的蛋白质不但含量高,而且质量也佳,人体消化吸收率可达96%,并能供给人体必需的氨基酸、维生素A和维生素D。鲤鱼的钾含量较高,可防治低钾血症,健脾。鲤鱼眼睛明目的效果特别好。

做法

1. 将鲤鱼宰杀去鳞、去鳃、去内脏,从背部下刀,去脊骨,使两片肉与尾相连,鱼腹也相连,再从鱼肉内部剞花刀,用料酒、盐腌渍5分钟,备用。

2. 把鸡蛋、面粉调成鸡蛋糊,洋葱、姜切成丝,香葱切花。

3. 锅中注油,烧至六成热时,将鲤鱼裹上鸡蛋糊放入油锅内,炸至呈金黄色,捞出来沥干油,放在垫有洋葱丝的锡箔纸上。

4. 锅中注油,下姜丝炒香,放入番茄酱、盐、鸡精,加入鲜汤,调成调味汁并用水淀粉勾芡,撒入葱花、香菜,一起淋在鲤鱼上。将锡箔纸包好,放在烧热的铁板上,即可。

海鲜豆腐

原料

西红柿1个,秋葵1个,虾仁100克,嫩豆腐1块,蒜2瓣,香葱1根,鱿鱼100克

调料

盐少许,料酒1匙。番茄酱3匙,糖1匙,玉米淀粉半匙,食用油适量

做法

1. 虾仁和鱿鱼处理干净,加少许盐和料酒拌匀,腌制10分钟。

2. 豆腐切成指甲大小的方块,西红柿在表面切划几刀,蒜切末,香葱切碎,秋葵切小段。

3. 取一个碗加入番茄酱3匙,盐少许,糖1匙,玉米淀粉半匙,水适量,调制成番茄酱汁。

4. 烧水,水开后放入西红柿,煮几分钟,至西红柿表皮裂开,取出西红柿去皮,切小丁。

5. 烧水将秋葵入水焯熟,取出备用;豆腐丁焯烫一下,捞出备用。

6. 炒锅注油,三成热时放入蒜末煸香,倒入西红柿丁和秋葵段炒2分钟。

7. 放入虾仁和鱿鱼,炒至略变色,倒入番茄酱和豆腐丁,小火焖至熟,然后大火收汁装盘,撒上香菜即可。

> **营养功效**　　秋葵具有帮助消化、治疗胃炎和胃溃疡、保护皮肤和胃黏膜之功效,被誉为人类最佳的保健蔬菜之一。其含有铁、钙及糖类等多种营养成分,有预防贫血的效果。它分泌的黏蛋白有保护胃壁的作用,并促进胃液分泌,提高食欲,改善消化不良等症。

烤三文鱼

🍲 原料

三文鱼排2块,柠檬半个

🍲 调料

黑胡椒2勺,罗勒碎1勺,盐1勺,百里香1勺,橄榄油1勺

🍲 做法

1. 将鱼排清洗干净,柠檬切片。
2. 烤盘铺上锡箔纸。
3. 鱼排清理干净后用纸吸干表面水分,将盐,黑胡椒,罗勒,百里香均匀撒在鱼块上,放上柠檬片,装盘。
4. 将橄榄油均匀抹于鱼排上,放入200℃的烤箱,烤制20～25分钟即可(烤制后的三文鱼会有本身的油脂,搭配蔬菜一同烤制会更健康美味)。

营养功效　　三文鱼富含蛋白质,维生素A、B族维生素、维生素E,锌、硒、铜、锰等,营养价值非常高。三文鱼还含有丰富的不饱和脂肪酸,可提高脑细胞的活性和提升高密度脂蛋白,从而防治心血管疾病。

黄金虾球

原料

鲜虾250克,土豆200克,面包糠适量,鸡蛋2个

调料

盐适量,淀粉适量,料酒适量,食用油适量

做法

1. 土豆去皮,切片,放入蒸锅蒸熟。鸡蛋搅打成液。

2. 将虾去除虾壳和虾线,洗净(保留虾尾部分),加入少许盐和料酒腌制入味。

3. 取出蒸熟的土豆片放入保鲜袋,用擀面杖压成泥,取出放碗里,加少许盐和淀粉搅拌均匀。

4. 取一只虾,留出虾尾,其余部分用土豆泥裹住。

5. 将做好的虾球到蛋液里滚一下,再裹上面包糠后装盘待用。

6. 将虾球放入五六成热的油里炸3分钟,取出后放厨房纸上吸油后装盘即可。

Chapter 5

花样百出的主食

主食不可少,

顿顿都离不了。

因此,主食变化多端才能吸引孩子的目光,勾起孩子的食欲。

爸爸妈妈选对方法,掌握了操作技巧,

自然可以信手拈来,

为亲爱的宝贝做出花样百出的主食!

豆沙春卷

原料

速冻春卷皮1袋，豆沙、蛋清各适量

调料

食用油适量

做法

1. 速冻春卷皮室温下放置半小时解冻。
2. 豆沙装入裱花袋，取适量放到春卷皮上。
3. 从下开始向上卷，卷的时候手劲要轻；卷住馅料后再把左右两边的春卷皮向中间折，封住两端的开口。
4. 在封口处抹些蛋清，包好。
5. 用适量的油以中小火煎炸春卷，至春卷外皮金黄即可。

营养功效　　豆沙春卷含有蛋白质、脂肪、糖类、少量维生素及钙、钾、镁、硒等营养素。由于豆沙春卷是煎炸食品，其所含油脂量及热量偏高，不宜多食。

麻饼

原料

面粉350克,枣泥馅300克,芝麻100克

调料

菜籽油70克,白糖、糖板油各100克,苏打少许

做法

1. 将面粉倒在案板上,围成盆形,放入白糖、菜籽油、苏打、清水拌搅均匀,再平摊搓成长条,揪出小剂子16块。糖板油切成小丁,与枣泥馅拌匀制成馅料,分成16份备用。

2. 将小剂子擀成皮,包入1份馅料,捏拢收口,拍擀成圆饼,在圆饼上沾匀芝麻,做成生坯待用。

3. 将生坯码入烤盘内,放入烤炉内烘烤至两面呈黄色,至熟即可。

营养功效　　枣泥含有蛋白质、糖类、有机酸、维生素A、维生素C、多种微量元素等营养成分。

焦 酥 香 芋 饼

原料

槟榔芋头500克,鸡蛋1个,面包糠50克,松仁30克,白芝麻50克

调料

盐5克,白糖10克,葱油5克,色拉油1000克

做法

1. 取槟榔芋头放入蒸笼中蒸熟,去皮搅烂,加入葱油、盐、白糖拌匀,然后制成直径为5厘米的饼坯12个。
2. 取鸡蛋打散,放入饼坯裹上蛋液,取出后粘上面包糠。
3. 油锅置火上,待油温约五成热时,将已做好的饼坯放入,小火炸至芋饼外皮呈金黄色、内断生时捞起,摆入盘中即可上桌。

营养功效　　槟榔芋又称香芋,是淀粉含量颇高的优质蔬菜,肉质细腻,具有特殊的风味,且营养丰富,含有粗蛋白、淀粉、多种维生素和无机盐等多种成分。

玉 米 发 糕

原料

玉米面500克,面粉100克,酵母粉少许,葡萄干适量

做法

1. 将玉米面、面粉放入盆中,加入少许的酵母粉,用温水和成面团,醒发20分钟。

2. 面团醒发后,将洗干净的葡萄干放入揉均,装入垫了纱布的蒸锅中,再醒发10分钟,用旺火沸水蒸15分钟。

3. 出锅后翻于案板上凉凉,然后再切成菱形块即成。

营养功效　　玉米面含有丰富的营养素,被称为"黄金作物"。研究发现,玉米中含有大量的卵磷脂、亚油酸、谷物醇、维生素E、纤维素等,具有降血压、降血脂、抗动脉硬化、预防肠癌、美容养颜、延缓衰老等多种保健功效。

五彩豆腐皮卷

🍲 原料

豆腐皮1张,胡萝卜半根,黄瓜半根,鸡蛋2个,菠菜3棵,火腿1片

🍲 调料

盐少许,食用油少许

🍲 做法

1. 将胡萝卜切丝;菠菜、豆腐皮分别焯水;火腿切丝;黄瓜切丝。
2. 将鸡蛋打入碗中,加盐搅匀,平底锅加少许油,双面煎蛋饼。
3. 豆腐皮上面放鸡蛋饼,放各种蔬菜、火腿丝,卷起。卷好后,切块,排盘即可。

营养功效　　豆腐皮性平、味甘,有清热润肺、止咳消痰、养胃、解毒、止汗等功效。豆腐皮营养丰富,蛋白质含量高,据现代科学测定,豆腐皮还含有铁、钙、钼等人体所必需的18种微量元素。

萝卜丝酥

原料

面粉500克,萝卜1000克,板油末75克,熟火腿末250克,葱花少量,猪油200克

调料

白糖10克,味精2.5克,盐适量,食用油适量

做法

1. 制馅:将萝卜洗净,去皮。切丝,加盐腌1小时后,挤去水分,加白糖、味精、板油末、葱花、熟火腿末,拌好备用。

2. 制干油酥:取250克面粉,和入125克猪油,擦至油粉合为一体,即成干油酥。

3. 制水油面团:取250克面粉,加猪油75克、水100毫升,和成水油面团。

4. 制饼坯:用水油面包上干油酥面团,按扁;把油酥面团擀成6毫米厚的面片,拍叠成3层,擀平;再折叠一次,重新擀平;由外向里卷成长条筒;以刀居中,顺长一剖为二;长条切口朝下,切成20个坯子。将坯子挤压成中厚边薄的圆形面皮,包上馅心,收口。做成之后略压一下,使酥饼呈扁圆形。

5. 炸制:炸饼坯时,油温控制在五成油温(100℃左右)内炸制。待酥饼浮上油面,外壳油亮、坚挺时就可捞出装盘。

南瓜饼

原料

南瓜250克,糯米粉250克,奶粉25克,白砂糖40克,豆沙馅50克

调料

食用油适量,猪油30克

做法

1. 将南瓜去皮,洗净切片,上笼蒸酥,趁热加糯米粉、奶粉、白砂糖、猪油,拌匀,揉和成南瓜饼皮坯。

2. 豆沙搓成圆的馅心,取南瓜饼坯搓包上馅,压成圆饼。

3. 锅内注入油烧热,待油温升至120℃时,把南瓜饼放在漏勺内,入油中用小火浸炸,至南瓜饼膨胀,捞出;待油温升至160℃时再下入饼,炸至发脆时即好。

营养功效 南瓜中含有丰富的锌,锌参与人体内核酸、蛋白质的合成,是肾上腺皮质激素的固有成分,为人体生长发育的重要物质。

香煎土豆饼

原料

土豆1个,鸡蛋1个,面粉2勺,葱花少

调料

盐、胡椒粉、鸡精各少许,食用油适量

做法

1. 土豆擦丝,鸡蛋打散。
2. 依次加入盐、鸡蛋、葱花,搅拌均匀。
3. 加胡椒粉、鸡精继续搅拌均匀,加面粉,搅拌均匀(不能太稀)。
4. 油加热到八成热时,将土豆丝下锅,小火煎至两面呈金黄色,出锅。

香水菠萝1个,米饭1大碗,基尾虾、胡萝卜、豇豆各适量,鸡蛋2个(较小)

营养功效 　　土豆所含营养素丰富,其所含的蛋白质和维生素C、维生素B_1、维生素B_2比苹果高得多,钙、磷、镁、钾含量也很高,尤其是钾的含量非常丰富。土豆中含有大量的优质纤维素,有预防便秘和预防癌症等作用。

空心麻团

原料

糯米粉130克,黏米粉20克,白糖35克,开水100毫升,生白芝麻适量,豆沙馅适量(可不放)

调料

食用油适量

做法

1. 把白糖放开水里溶化,把糯米粉和黏米粉混合均匀。

2. 把糖水加入混合粉里,快速用筷子搅拌,揉成一个不软不硬的面团,用保鲜袋或保鲜膜包好,醒10分钟。

3. 从面团上取一个麻团的量,其他包好。若是刚开始学做缺少经验,建议麻团不要做得太大。从没有馅的、小一些的开始做起。

4. 如果要包馅,就是把面团挖成一个碗状,放入滚圆的豆沙馅。不要包太多,馅太多会增加炸制难度。

5. 将滚圆的麻团放入水里,蘸下水,然后放进白芝麻里滚动,粘上白芝麻。

6. 将麻团拿手里再滚动几下,让白芝麻粘得更紧一些。

7. 锅里放油,油要能盖过麻团,开小火加热。

8. 油温达到七成热时(炸麻团全程小火),放入麻团。炸制过程中可以少次轻翻麻团,防止粘锅,但不要频繁翻动。

9. 麻团会慢慢地变大,慢慢往上浮。等麻团浮起来、冒出头时,拿捞子在锅面上轻轻地画圈,把麻团往油里按,不要力气太大,这是让麻团形成空心的关键。

10. 麻团会越来越大,这时候往下按的力气可以大一些。如果按扁了,不要动,让它自己再鼓起来。如果再没有鼓起来时,就不要再按扁了,因为这样是再也鼓不起来了。

11. 一直到麻团颜色变深,不再变大时,捞出麻团,控干油,用厨房纸巾吸干油,装盘即可。

> **营养功效**　　糯米含有蛋白质、脂肪、糖类、钙、磷、铁、维生素 B_1、维生素 B_2、烟酸等,营养丰富,为温补强壮食品。

菠萝虾仁炒饭

🍲 原料

香水菠萝1个,米饭1大碗,基围虾,胡萝卜,豌豆各适量,鸡蛋2个(较小)

🍲 调料

盐、鸡粉、食用油各适量

🍲 做法

1. 香水菠萝洗净,揭去顶盖,用勺挖出果肉,切小粒备用。
2. 米饭煮好(最好用香米)备用。
3. 基围虾去头壳,挑去虾线,把虾仁切小粒;胡萝卜切小粒,鸡蛋打散。
4. 炒锅注油烧热,倒入豌豆和胡萝卜粒翻炒至熟,再倒入虾仁粒炒至变色后盛出备用。
5. 炒锅放油烧热,中火,把打好的鸡蛋液倒入略炒,倒入米饭炒匀。
6. 把炒熟的虾仁、豌豆等倒入,最后倒入菠萝粒,加适量盐、鸡粉,炒匀即可。

蟹黄蒸烧卖

原料

面粉500克,猪肉250克,冬菇100克,冬笋50克,蟹黄150克

调料

香油50毫升,盐10克,酱油5毫升,糖2克,胡椒粉、味精各4克

做法

1. 和面:面粉置于案板上开窝,用温水和成面团,揉光待用。

2. 制馅:猪肉剁碎,冬菇、冬笋切碎,肉放入盆内,加所有调料,分次加入凉水,搅打至肉有黏性时放入冬菇、冬笋,拌匀即成馅心。

3. 成形:将面团搓条揪成剂子(每个12克左右),把剂子擀成小圆皮,包入馅心,在馅心上加适量蟹黄,然后用粽叶系紧收口,制成生胚。

4. 熟制:将生坯上笼,旺火蒸8分钟即成。

营养功效　　蟹黄营养十分丰富,它含有丰富的钙、磷、锌、铁、硒等人体必需的微量元素,以及优质蛋白质、胶原蛋白、维生素A、不饱和脂肪酸等,素来被称为"海中黄金",儿童多吃可以预防佝偻病,老年人多吃可以缓解骨质疏松。

阳光椰香奶

🍲原料

【奶冻】纯牛奶250毫升,淡椰浆50毫升,糖40克,玉米淀粉40克,泡打粉4克
【脆皮】牛奶60毫升,淡椰浆20毫升,盐、面粉、淀粉各适量

🍲调料

食用油适量

营养功效　　牛奶是人体钙的最佳来源,而且钙、磷比例非常适当,利于钙的吸收。

🍲做法

1. 将奶冻原料全部倒入碗中,搅拌均匀。

2. 平底锅小火加热,将搅拌均匀的奶冻原料倒入锅中,用勺子不停地搅拌,待变成厚实的奶糊时关火。

3. 把奶糊倒入容器中,盖上盖,冷冻1小时。

4. 把脆皮原料中的牛奶和淡椰浆混合,加入面粉和盐,调成面糊。

5. 拿出冷冻好的奶冻,用刀沾水切成小块。盘中撒些淀粉,让奶冻沾满淀粉,再让沾淀粉的奶冻沾上脆皮浆面糊。

6. 锅里多放点油,烧到六成热,把挂好浆的奶冻放进去炸,一定要小火慢炸,炸到呈金黄色即可出锅。

虾仁米线

原料

粗米线适量,鸡蛋2个,鲜虾10个,豆芽菜适量

调料

葱、蒜、十三香、盐、料酒、胡椒粉、姜丝、酱油、食用油各适量

营养功效

食用芽菜是近年来的新时尚,芽菜中以绿豆芽最为便宜,而且营养丰富,绿豆芽也是自然食用主义都所推崇的食品之一。绿豆在发芽过程中,维生素C会增加很多,而且部分蛋白质也会分解为各种人所需的氨基酸,可达到绿豆原含量的7倍,所以绿豆芽的营养价值比绿豆更大。

做法

1. 虾去皮,用姜丝、料酒、胡椒粉、盐拌匀备用,鸡蛋打散。

2. 豆芽菜洗净备用。

3. 葱切丝,蒜切末。

4. 粗米线用水泡至稍软即可。

5. 锅内加适量油,烧热,加入鸡蛋炒熟盛出。油起锅,放入料酒、胡椒粉、虾仁,将虾仁炒至变色盛出备用。

6. 锅里热油连续放入葱、蒜、豆芽菜,翻炒几下,再放入适量十三香、盐、酱油。

7. 豆芽菜炒至变软稍稍出水,放入泡好的粗米线翻炒均匀。

8. 待炒匀后,加入之前炒好的虾仁和鸡蛋,继续翻炒至均匀,然后装盘即可。

奶香窝窝头

原料

玉米面100克,小米面100克,白糖30克,牛奶140克左右

做法

1. 把玉米面、小米面和白糖混合到一起,加入温牛奶,和成光滑的面团。
2. 盖上湿布,让面团醒10分钟。
3. 把面团搓成长条,切成相同大小的小剂子。
4. 拿一个小剂子,揉圆,捏成窝窝头,依次做好,放入笼中。
5. 放入蒸锅,上汽后再蒸10分钟即可。

营养功效　　小米具有防止消化不良及口角生疮、呕吐,减轻皱纹、色斑、色素沉着的功效;还具有滋阴养血的功能,可以使产妇虚寒的体质得到调养,帮助她们恢复体力。

吴山酥油饼

原料

面粉500克，白砂糖100克，糖桂花10克，花生油150毫升

做法

1. 取面粉1/3，加油拌匀，制成酥面。
2. 其余面粉加沸水110毫升，搅拌搓散成雪花状的片，摊开冷却。
3. 冷却后，甩上冷水15毫升，加油，拌揉至光滑，调制成水油面。
4. 油酥面、水油面各制成10个剂子。
5. 取水油面剂1个，按扁圆形，裹入酥面剂子1个，包拢后擀成长片，卷拢，再擀成长片，再卷拢并搓成长条，再擀成宽约3厘米的长片，卷拢，对剖成2个圆饼，切口朝上，擀成圆形饼坯。按此法将全部饼坯擀制好。
6. 锅内放油，烧到六成热，放入饼坯。
7. 将锅置中火上，继续用手勺轻轻推旋油饼，以防油饼焦底。
8. 待油饼炸至浮起、两面呈玉白色时，捞起沥尽油，装盘即可。

营养功效　面粉富含蛋白质、糖类、维生素和钙、铁、磷、钾、镁等，有养心益肾、健脾厚肠、除热止渴的功效。

营养团子

原料

面粉100克,玉米面粉30克,淀粉10克,燕麦30克,火腿50克,小白菜250克,花生碎10克,葱末少许

调料

盐适量,胡椒粉、鸡精、色拉油各少许

做法

1. 小白菜洗净、切碎,火腿切碎。
2. 取一盆,将切碎的小白菜、火腿放入盆中,加入胡椒粉、鸡精、盐调味,再加入葱末、花生碎和少许色拉油拌匀。
3. 加入准备好的面粉、玉米面粉、淀粉和燕麦,用手抓匀。
4. 加入少量水。用水量以手轻拢能成团,并有少量水渗出为准。
5. 取适量面团,放手心里左右手倒几下,使变圆,码放锅里。不要使劲攥,上汽后蒸20分钟,然后关火闷5分钟,装盘即可。

营养功效 燕麦含有的钙、磷、铁、锌等,有预防骨质疏松、促进伤口愈合、防止贫血的功效。经常食用燕麦对糖尿病患者也有非常好的防治功效。